计算机系列教材

雷鹏 宋丽华 张小峰 编著

面向对象C++程序设计

清华大学出版社

北京

内 容 简 介

本书介绍面向对象的基本概念,阐述面向对象程序设计的思想和方法,将面向对象思想渗透到每个章节。

本书共 10 章,主要内容包括绪论、数据类型与程序控制流程、函数、数组与指针、类与对象、继承、多态、输入输出流和异常处理,最后一章为综合设计,用以培养综合应用 C++ 的能力。

本书例题丰富,并有运行结果,每章后附有习题,供读者巩固提高所学知识。

本书可作为高等院校面向对象程序设计教材,也可供程序爱好者学习参考。

图书在版编目(CIP)数据

面向对象 C++ 程序设计/雷鹏,宋丽华,张小峰编著.—北京:清华大学出版社,2014(2017.1重印)
计算机系列教材
ISBN 978-7-302-38140-2

Ⅰ. ①面… Ⅱ. ①雷… ②宋… ③张… Ⅲ. ①C语言—程序设计—高等学校—教材　Ⅳ. ①TP312

中国版本图书馆 CIP 数据核字(2014)第 227836 号

责任编辑:白立军
封面设计:常雪影
责任校对:梁　毅
责任印制:何　芊

出版发行:清华大学出版社
　　　　　网　　　址:http://www.tup.com.cn,http://www.wqbook.com
　　　　　地　　　址:北京清华大学学研大厦 A 座　　　邮　　　编:100084
　　　　　社 总 机:010-62770175　　　　　　　　　　　邮　　　购:010-62786544
　　　　　投稿与读者服务:010-62776969,c-service@tup.tsinghua.edu.cn
　　　　　质 量 反 馈:010-62772015,zhiliang@tup.tsinghua.edu.cn
　　　　　课 件 下 载:http://www.tup.com.cn,010-62795954
印 装 者:北京鑫海金澳胶印有限公司
经　　销:全国新华书店
开　　本:185mm×260mm　　　印　　张:18　　　字　　数:448 千字
版　　次:2014 年 11 月第 1 版　　　　　　　　　印　　次:2017 年 1 月第 3 次印刷
印　　数:3501~4500
定　　价:34.50 元

产品编号:059294-01

面向对象程序设计语言已成为当今流行的程序设计语言，C++ 语言是典型的面向对象程序设计语言之一，在全世界都得到了广泛的应用。

C++ 语言是从 C 语言发展而来的具有面向对象特征的程序设计语言。面向对象技术的基本思想是封装、信息隐藏、继承与多态。本书在系统阐述 C++ 语言的过程中，将这些思想融入其中，使读者能够领悟面向对象思想的真谛。本书既注重语法的讲授，强调逻辑严谨性，又注重实际应用，通过丰富的例题提高读者的应用能力。

1．本书特点

1）既注重语言语法，又注重语言应用

本书作者针对多年教学中学生的学习难点和易犯错误，由浅入深地阐述了 C++ 语法规则和设计技术，既有相当简单的语法教学示例，也有实际背景的应用案例，循序渐进地将面向对象和软件工程思想渗透到语言学习中。为提高读者综合应用所学知识解决实际问题的能力，专门编写了综合设计一章，将本书所涉及的面向对象的封装、信息隐藏、继承、多态和软件工程思想融入一体，通过模拟几个实际应用的实例，以提高读者全面运用所学知识的能力。

2）摒弃灌输式讲述，启发读者思维

为了引发读者发散思维，摆脱灌输式教学，本书从正反两方面阐述面向对象的技术特点，在论述面向对象技术对程序设计带来革命性改良的同时，也说明了此技术夹杂的负面影响。例如，封装技术降低了程序之间的耦合性，提高了数据访问的安全性，但也带来了操作不便和访问效率的降低，因而引入了友元函数。继承机制使大规模的代码重用成为可能，但也带来了派生类无法摆脱基类无用代码而使代码膨胀过大的弊端。

3）案例丰富，易学易懂

本书精选了大量例题，在每次引出新语法后，紧接着用简单的语法示例程序进行阐述，然后跟进实际应用案例，使学习者通过示例和案例轻松掌握语法规则，并能够进行灵活应用。

2．内容安排

第 1 章　绪论：介绍面向对象程序设计的特点、C++ 语言的产生与发展、简单的 C++ 程序组成、C++ 程序的编译环境。

第 2 章　数据类型与程序控制流程：介绍 C++ 语言的基本数据类型、数据的表示、常量和变量、运算符和表达式，介绍程序的 3 种基本结构，结构体、共用体和枚举等构造类型。

第 3 章　函数：介绍函数的分类、函数的定义和调用、函数的参数传递及传递方式、函数的嵌套调用和递归调用、全局变量和局部变量、变量的存储类型。介绍引用类型及函数参数的引用传递。

第 4 章　数组与指针：介绍数组的概念、定义及使用、指针变量的定义与使用方法、指向变量的指针、指向数组的指针、指向函数的指针、返回指针的函数、指针数组以及这些指针变量的应用。

第 5 章　类与对象：主要介绍对象与类的概念、类的定义与对象的创建、类成员的访问控制、类的构造函数与析构函数、类的信息隐藏、对象的复制、对象数组、指向对象的指针与对象的引用、对象的动态创建、类的组合、字符串类、类的静态成员、类的友元、类的常数据与常函数成员和常对象。

第 6 章　继承：介绍继承与派生的概念、派生类的声明与设计、派生类的继承方式与构造函数、派生类与基类的兼容性、简单介绍多继承与虚基类。

第 7 章　多态：介绍多态的概念、运算符重载、虚函数、纯虚函数与抽象类、模板函数和类模板。

第 8 章　输入输出流：介绍输入输出流的概念、输入输出流类库、标准输入输出流、文件的打开与读写操作。

第 9 章　异常处理：介绍异常处理思想、异常处理方法、声明函数异常、标准 C++ 异常类、异常处理中对象的析构。

第 10 章　综合设计：运用 C++ 的封装、信息隐藏、继承、多态与异常处理综合知识，完成 3 个应用案例的综合设计。

本书具体编写分工：第 1 章、第 2 章、第 3 章由宋丽华编写，第 5 章、第 6 章、第 7 章、第 9 章、第 10 章由雷鹏编写，第 4 章、第 8 章由张小峰编写，全书策划和定稿工作由雷鹏负责。

作为软件工程专业应用型人才培养的系列教材之一，本书曾作为讲义多次印刷，在计算机类、电气信息类等专业中使用。在此正式出版之际，我们在原讲义的基础上，结合多年的教学实践，进行了修改，使其更加适合读者学习。

清华大学出版社的编辑为教材的出版付出了辛勤的汗水，使本书得以及时出版，在此致以衷心的感谢。

限于作者学识水平，书中难免存在不妥之处，我们真诚欢迎读者提出宝贵建议，批评指正。作者电子邮箱：leipldu@163.com。

编　者

2014 年 7 月

FOREWORD

第 1 章 绪 论

面向对象程序设计(Object Oriented Programming,OOP)方法是一次程序设计方法的革命,它几乎没有引入精确的数学描述,而是倾向于建立一个对象模型。面向对象程序设计方法能够近似地反映应用领域内实体之间的关系,是一种更接近于人类认知事物所采用的哲学观的计算模型,符合人的思维方式和现实世界。C++ 是一种从 C 语言的基础上派生出的具有面向对象特性的高级编程语言,它既继承了 C 语言的简洁、高效等特点,又以其独特的语言机制在计算机科学的各个领域中得到广泛的应用。

本章主要介绍面向对象程序设计与 C++ 的特点,并通过简单的 C++ 程序,介绍其结构特性。

1.1 面向对象程序设计的特点

众所周知,客观世界由许多对象组成,对象具有属性和行为,它们之间存在着各种联系。借助对象能更好地刻画问题,也更接近人类的自然思维方式。为了掌握面向对象程序设计技术,应首先从最基本的概念入手。

1.1.1 面向对象程序设计的基本概念

1. 对象

在现实世界中,任何事物都是对象。对象可以是一个有形的具体存在的事物,例如,一个人、一辆汽车;也可以是无形的、抽象的事件,例如,一场比赛、一个计划。现实世界中的对象既具有静态的属性,又具有动态的行为,例如,每个人都有姓名、性别、年龄、身高和体重等属性,都有吃饭、睡觉、走路等行为。所以,在现实世界中,对象一般可以表示为属性+行为。

面向对象程序设计中的对象,是系统中用来描述客观事物的一个实体,它是用来构成系统的一个基本单位。对象由一组属性和一组行为构成。

2. 类

在现实世界中,类是一组具有相同属性和行为的对象的抽象。例如,人、车、平面上的一个点等都是类,不管哪个人,虽然性格、爱好、职业、特长等各有不同,但是他们都具有相同的基本特征,都能吃饭、睡觉、走路等。而具体的每个人是类的一个实例,也就是一个对象。

面向对象方法中的"类",是具有相同属性和服务的一组对象的集合。它为属于该类的全部对象提供了抽象的描述,其内部包括属性和行为两个主要部分。类与对象之间的关系犹如模具与铸件之间的关系。在面向对象程序设计中,总是先声明类,再由类生成对象。对象是类的实例。

3. 属性

类中的数据称为类的属性,如人的姓名、性别、身高等都是人类的属性,平面上的一个点的横坐标(x)和纵坐标(y)是点类的属性。不同的类具有不同的属性。

4. 方法

类中的行为(函数)称为类的方法。如人类可以有吃饭方法、睡觉方法、走路方法等,点类有求横坐标方法、求纵坐标方法、求两点距离方法等,不同的类具有不同的方法。在面向对象程序设计中,方法就是对象所能执行的操作,当要求对象做某一操作时,就向该对象发送一个相应的消息,当对象接收到消息时,就调用有关的方法,执行相应的操作。

1.1.2　面向对象程序设计的特点

抽象、封装、继承和多态是面向对象程序设计的主要特点。

1. 抽象

抽象是人类认识问题的最基本的手段之一,是对复杂世界的简单表示,抽象强调感兴趣的信息,忽略不重要的信息。例如,在设计一个学籍管理程序的过程中,考察某个学生对象时,只关心他的学号、姓名、成绩等,而对他的身高、体重等信息就可以忽略。抽象包括两个方面:数据抽象和行为抽象。数据抽象描述某类对象的属性或状况,也就是此类对象区别于彼类对象的特征,而行为抽象描述的是某类对象的共同行为特征或具有的共同操作。

抽象在系统分析、系统设计以及程序设计的发展中一直起着重要的作用。在面向对象程序设计方法中,对一个具体问题的抽象分析结果,是通过类来描述和实现的。

例如,对学籍管理系统而言,通过对学生进行归纳、分析,抽象出其中的共同属性。学号、姓名、性别、成绩等组成了学生的数据抽象部分,数据录入、数据修改、数据输出等组成学生的行为抽象部分,用 C++ 语言描述如下。

数据抽象:

```
int num;            //学号
string name;        //姓名
char sex;           //性别
float score;        //成绩
```

行为抽象:

```
input();            //数据录入
```

```
update();              //数据修改
output();              //数据输出
```

2. 封装

在现实世界中,封装就是把某个事件包裹起来,使外界不知道该事物的具体内容。例如,当人们面对某段程序时,只关心它的运行结果,而不关心实现过程以及过程中所用到的数据,封装恰好满足了这一要求。封装的意义在于保护或者防止代码(数据)被用户无意中破坏。

封装是面向对象方法的一个重要原则,是指把对象的属性和行为结合成一个独立的系统单位,并尽可能隐藏对象的内部细节。面向对象程序设计中,一个非常重要的技术是封装,也就是把客观事物封装成抽象的类,并且类可以把自己的数据和方法只让可信的类或对象操作,对不可信的进行信息隐藏。这样做的好处在于可以使类内部的具体实现透明化,只要其他代码不依赖类内部的私有数据,便可以安心修改这些代码。

封装是实现面向对象程序设计的第一步,封装就是将数据或函数等集合在一个个的单元中(称为类),封装的对象通常称为抽象数据类型。

例如,学生学籍管理系统,实际上就是一个数据抽象和行为抽象的封装体。下面是利用 C++ 语言来描述这个封装体。

```cpp
class Student{
//行为封装
public:
    void input();
    void Update();
    void output();
//数据封装
private:
    int num;
    string name;
    char sex;
    float score;
};
```

使用一个对象的时候,只需知道它向外界提供的接口形式,而无须知道它的数据结构细节和实现操作的算法。

3. 继承

在客观世界中,存在着一般和特殊的关系,特殊除了具有一般的特性外,还具有自己的新特性。例如,自行车的分类就是一个一般和特殊的关系。提到自行车,必然会联想到它有两个轮子、脚踏板和一个车把。但山地车、赛车等除了具有自行车的一般特征外,它们各自还有一些自己的特征。例如,赛车还有变速装置等新特性。继承在自然界中是普遍存在的,它简化了人们对事物的认识和描述,具有重要的实际意义。

继承是面向对象技术能够提高软件开发效率的重要因素之一。因为继承的作用有两个：其一是避免共用代码的重复开发，减少代码和数据冗余；其二是通过增强一致性来减少模块间的接口和界面。

继承的过程，就是从一般到特殊的过程。通过继承创建的新类称为"子类"或"派生类"。被继承的类称为"基类"、"父类"或"超类"。如果类 B 是类 A 的派生类，那么，在构造类 B 的时候，不必描述类 B 的所有特征，只需让它继承类 A 的特征，然后描述与基类 A 不同的那些特性。也就是说，类 B 的特征由继承来的和新添加的两部分特征组成。例如，人类有姓名、性别、年龄等属性，学生除了具有人类的这些属性外，还有学号、系别、成绩等属性。这样定义了人类后，再定义学生类时，只要让学生类从人类继承，而不需要在学生类中重复声明姓名、性别和年龄等属性。

在某些面向对象程序语言中，一个子类可以继承多个基类。但是一般情况下，一个子类只能有一个基类，要实现多重继承，可以通过多级继承来实现。

在考虑使用继承时，有一点儿需要注意，那就是两个类之间的关系应该是"属于"关系。例如，Employee 是一个人，Manager 也是一个人，因此这两个类都可以继承 Person 类。但是 Car 类却不能继承 Person 类，因为 Car 并不是一个人。

4. 多态

术语多态从希腊语而来，意为拥有多种形态。现实世界的多态性在自然语言中经常出现。比如在日常生活中说"打球"，这个"打"就表示了一个抽象的信息，具有多重含义。可以说打篮球、打排球、打乒乓球，都是用"打"来表示参与某种球类运动，而其中的规则和实际动作却相差甚远，这就是现实世界中的多态性。在面向对象语言中，多态性是指不同的对象收到相同的消息时，产生多种不同的行为方式。

C++ 语言支持两种多态性，编译时的多态和运行时的多态。编译时的多态是通过重载来实现，运行时的多态是通过虚函数来实现。

重载一般包括函数重载和运算符重载。函数重载是指一个标识符可同时为多个函数命名，而运算符重载是指一个运算符可同时用于多种运算。也就是说，相同名字的函数或运算符在不同的场合可以表现出不同的行为。例如，求两个或三个数的最大值的函数重载：

```
int max(int a,int b);
float max(float x,float y);
int max(int x,int y,int z);
```

上面三个函数名都是 max，当传递的参数类型不同，或参数个数不同时，系统会调用不同的函数，求出相应的最大值。

在面向对象程序设计语言中，封装可以隐藏实现细节，使得代码模块化；继承可以扩展已存在的代码模块（类）；它们的目的都是为了代码重用。而多态则是为了实现另一个目的——接口重用。

1.2 面向对象程序设计语言 C++

C++ 语言是一种优秀的面向对象程序设计语言,它在 C 语言的基础上发展而来,但它比 C 语言更容易为人们学习和掌握。C++ 以其独特的语言机制在计算机科学的各个领域中得到了广泛的应用。面向对象的设计思想是在原来结构化程序设计方法基础上的一个质的飞跃,C++ 完美地体现了面向对象的各种特性。

1.2.1 C++ 语言的产生和发展

20 世纪 80 年代,美国 AT&T 公司贝尔实验室的本贾尼·斯特劳斯特卢普(Bjarne Stroustrup,1950—)博士在 C 语言的基础上引入并扩充了面向对象的概念,开发了一种新的程序语言。为了表达该语言与 C 语言的渊源关系,它被命名为 C++。而 Bjarne Stroustrup 博士被尊称为 C++ 语言之父。

C 语言是 1972 年由丹尼斯·里奇(Dennis Ritchie,1941—2011)在贝尔实验室设计的一个程序设计语言,它最初用作 UNIX 操作系统的描述语言。后来,C 语言经过了多次改进,被先后移植到各种机型的计算机上,并独立于 UNIX 系统。C 语言具有丰富的运算符和数据类型,语言简洁灵活,具有结构化控制语句,程序执行效率高等特点。同时 C 语言具有高级语言与汇编语言的优点,可直接访问计算机的物理地址,与汇编语言相比,又具有良好的可读性和可移植性。因此 C 语言得到极为广泛的应用。尽管如此,由于 C 语言毕竟是一个面向过程的编程语言,与其他面向过程的编程语言一样,已经不能满足运用面向对象方法开发软件的需要。C++ 便是在 C 语言基础上为支持面向对象的程序设计而研制的编程语言。

C++ 引入了类的机制,所以最初的 C++ 被称为"带类的 C"(C with classes),而后称为"新 C"。1983 年由 Rick Mascitti 提议正式命名为 C++(C plus plus)。此后 C++ 语言不断完善,1990 年 C++ 语言引入模板和异常处理的概念,1993 年引入运行时类型识别(RTTI)和名字空间(Name Space)的概念。随着若干独立开发的 C++ 实现产品的出现和广泛应用,正式的 C++ 标准化工作在 1990 年启动,标准化工作由 ANSI(American National Standard Institute)以及后来加入的 ISO(International Standards Organization)负责。1994 年制定了 ANSI C++ 标准草案,1997 年 ANSI C++ 标准正式通过并发布,1998 年被 ISO 正式批准为国际标准。目前,C++ 语言已成为使用最广泛的面向对象程序设计语言之一。

1.2.2 C++ 语言的特点

C++ 语言不是一种全新的文法和程序设计模型,而是对 C 的扩充,它除了保持 C 语言众多优点外,同时还支持面向对象的程序设计的思想。C++ 语言的特点主要表现在以下几个方面。

1. C++ 是一种更好的 C

C++ 语言除了继承 C 语言的所有特点外,还弥补了 C 语言中的许多漏洞,并提供了更好的类型检查和对异常的分析。对于用 C 语言开发的大型程序而言,错误常常很难预见,而正确处理问题是一件很棘手的事情。C++ 的异常处理机制能检查到错误的存在并激活相应处理事件完成错误处理,从而使程序能更好地从异常事件中恢复过来。

2. C++ 与 C 完全兼容

C++ 在一定程度上可以和 C 语言很好地结合,提供一个从 C 到 C++ 的平滑过渡。这使得大多数 C 语言程序是在 C++ 的集成开发环境中完成的。

3. 对 C 语言的某些方面进行了改进

在 C 语言中,所有变量的声明必须在执行语句前,而 C++ 的变量声明非常灵活,它允许变量声明与执行语句在程序中交替出现。这样,程序设计人员就可以在使用一个变量时才声明它。

在 C++ 中,通过 const 常量和内联函数,取代了 C 语言中的宏定义;通过引用,允许对函数参数和返回值的地址进行更方便的处理;通过函数重载,使程序设计人员能对不同的函数使用相同的名字等。

4. 支持面向过程和面向对象的方法

在 C++ 环境下,既可以进行面向过程的程序设计,也可以进行面向对象的程序设计。并且 C++ 语言完全支持面向对象的程序设计,包括数据封装、数据隐藏、继承和多态等特性。

5. 大型程序设计中的命名空间

在 C 语言中,当程序达到一定规模后,通常被分成许多块,每一块由不同的人或小组设计与开发,这就要求开发人员注意函数名和变量名等标识符的使用,不要产生冲突。而在 C++ 语言中,通过命名空间将程序中的每个 C++ 定义集封装在一个命名空间中,即使其他的定义中有相同的名字,由于它们在不同的命名空间,也不会产生冲突。

1.3 C++ 程序结构

下面通过一个简单的 C++ 程序实例说明 C++ 程序结构。

例 编写程序,输入两个整数,求其和。

```
//计算两个整数的和
#include <iostream>                          //编译预处理
using namespace std;                         //命名空间
int add(int x,int y);                        //函数声明
```

```
int main()
                                         //变量定义
    int a,b,sum;
    cout<<"Enter two integer:"<<endl;    //界面:提示用户输入两个整数
    cin>>a>>b;                           //从键盘输入 a 和 b 的值
    sum=add(a,b);                        //调用函数 add,求 a 和 b 的和
    cout<<"The sum is: "<<sum<<'\n';     //将 sum 的值输出到屏幕上
    return 0;
}
int add(int x,int y)                     //函数定义
{
    return x+y;                          //将两个整数的和返回主调函数
}
```

程序运行结果:

```
Enter two integer:
5 9
The sum is:14
Press any key to continue_
```

从上例中可以看出,C++ 程序和 C 程序在形式上基本是一样的,也是由一些函数组成。现说明如下。

(1)编译预处理命令。编译预处理命令的作用是对源程序编译之前,先对一些命令进行预处理,然后将预处理的结果与源程序一起进行编译。C++ 语言中的预处理命令以♯开头,后面跟上预处理文件名,一行只能写一条预处理命令。如"♯include <iostream>",其作用是预处理器要在源程序中包含输入输出流文件 iostream 的内容,该文件提供了程序所需要的与输入和输出操作相关的信息。

(2)命名空间。在大型程序设计中,一个程序可能由若干模块组成,不同模块可能由不同的人员开发,为防止函数或变量名发生同名冲突,C++ 提供了命名空间,解决同名冲突问题。命名冲突是一种潜在的危险,程序员必须细心地定义标识符以保证名字的唯一性。C++ 标准库的所有标识符都被放在标准命名空间 std 内,std 涵盖了标准 C++ 的定义和声明。程序第 3 行的"using namespace std;"语句,表明此后若没有特别声明,程序中所有对象均来自命名空间 std。

(3)输入输出流。例中的 cin 是标准输入流,在程序中与标准输入设备(通常指键盘)相关联。cin 通过与运算符>>(称为提取运算符)结合,表示将从标准输入设备读取的数据送给右边的变量。运算符>>允许用户连续输入一串数据,例如,"cin>>a>>b;"表示按书写顺序从键盘上提取所要求的数据,并存入对应的变量中,两个数据之间用空白符(空格、回车或 Tab 键)隔开。cout 是标准输出流,在程序中与标准输出设备(通常指显示器)相关联。cout 通过与运算符<<(称为插入运算符)结合,表示将右方运算量(常量、变量或表达式)的值写到标准输出设备中,即显示在显示器上。例如,"cout<<"The sum is :"<<sum<<'\n';",表示在显示器上显示"The sum is:13",并将光标移至下一行。

在 C++ 程序中,仍然可以沿用 C 中的 scanf 函数和 printf 函数对数据进行输入与

输出。

（4）换行。在 C 中,常用转义字符 '\n' 实现换行,C++ 中增加了换行控制符 endl,两者的作用相同。例如下面两个语句等价:

```
cout<<"The sum is: "<<sum<<'\n';
cout<<"The sum is: "<<sum<<endl;
```

（5）良好的书写规范。良好的程序书写风格将有助于提高软件的质量和效率。一般情况下程序员编写的程序应该满足以下要求。

① 程序应该使用逐层缩进的格式;

② 程序中必须有注释,以提高程序的可读性;

③ 建议分行书写复杂表达式和复杂语句;

④ 除在极为特殊的情况下,禁止使用系统或其他软件开发包提供的未公开的函数调用。

1.4 C++ 程序开发过程

1.4.1 C++ 程序开发过程

开发一个 C++ 程序一般需经过 4 个步骤,即编辑、编译、链接和运行。

（1）编辑。将源程序输入到所使用的编辑器中,生成后缀是.cpp 的磁盘文件。

（2）编译。编译器将程序源代码进行编译,转换为后缀是.obj 的目标文件。在编译过程中,系统会检查源代码是否有语法错误,若有错,则将错误显示给用户;否则,生成目标代码文件。

（3）链接。将多个目标文件以及库中的某些文件连在一起,生成后缀是.exe 的可执行文件。

（4）运行。最后对程序进行运行、调试,直至得到正确的结果。

1.4.2 Visual C++ 6.0 集成开发环境

为方便上机练习,下面简单介绍 Visual C++ 6.0 开发环境以及程序的编辑、编译、运行和程序的调试等方法。

1. Visual C++ 6.0 主界面

Visual C++ 6.0 是运行于 Windows 环境下的交互式可视化集成开发环境,其主界面如图 1-1 所示。

Visual C++ 6.0 集成环境的主界面由标题栏、菜单栏、工具栏、工作区窗口、编辑区窗口、输出窗口和状态栏组成。主窗口的最上端是标题栏,用于显示应用程序名和当前打开的文件名,图 1-1 中应用程序名是 lianxi,当前打开的文件名是 first.cpp。菜单栏包括

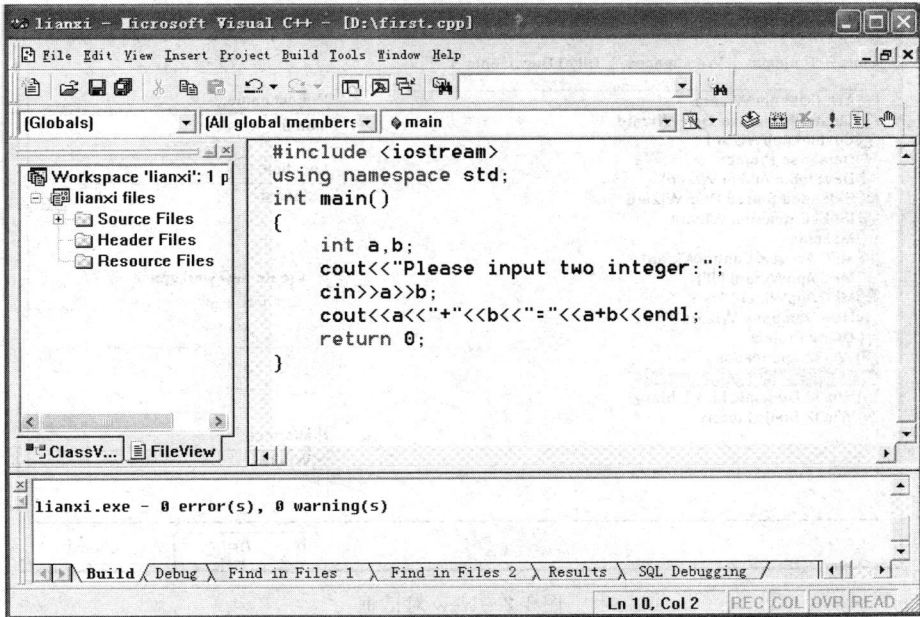

图 1-1　Visual C++ 6.0 集成开发环境主界面

File、Edit、View、Insert、Project、Build、Tools、Windows 和 Help 9 个菜单项,每个菜单分别对应一个下拉命令菜单,每个命令完成相应的操作。菜单栏下面是工具栏,其中包括一些命令按钮,它们的功能和对应菜单栏中的命令一致。工具栏下面为工作区和编辑区,一般工作区位于左侧,编辑区位于右侧。工作区包含 3 个标签,即 Class View 标签、Resource View 标签和 File View 标签。Class View 标签用于显示当前打开项目所包含类的信息;Resource View 标签用于显示当前打开项目所包含的资源信息,包括对话框、位图、菜单等资源(本书的例题不处理资源,因此不需要此标签);File View 标签用于显示当前打开项目所包含各种文件的信息,包括源程序文件、头文件和资源文件。编辑区用于文本编辑、资源编辑等,图 1-1 显示当前正在编辑 first.cpp 文件的内容。工作区和编辑区下面是输出窗口,用于输出编译信息、调试信息和查找结果信息等。最底部是状态栏。

2. 编辑、编译和运行程序

在 Visual C++ 6.0 中建立一个 C++ 程序,可以有两种方法。一种方法是在编辑程序之前,先建立一个项目(Project),然后向项目中添加 C++ 文件;另一种方法是直接建立 C++ 文件。下面分别介绍。

第一种方法:先建立 C++ 项目,再添加文件。

建立项目的步骤如下。

(1) 选择 File→New 命令,弹出 New 对话框,如图 1-2 所示。

(2) 切换到 Projects 选项卡,在项目类型列表框中选择 Win32 Console Application 选项,在 Project name 文本框中输入项目名,在 Location 文本框中输入或通过图标 ... 选

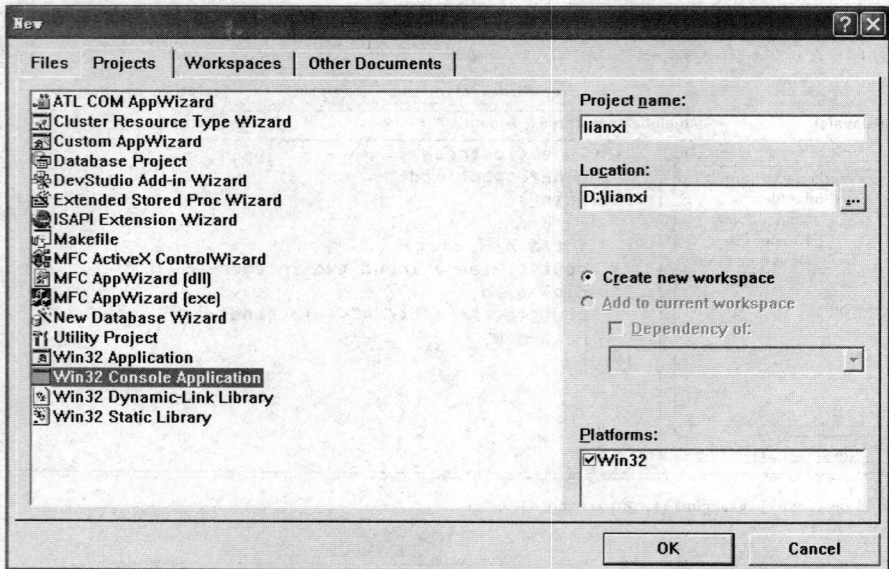

图 1-2　New 对话框

择项目文件存放的路径,单击 OK 按钮,弹出如图 1-3 所示的 Visual C++ 向导对话框。

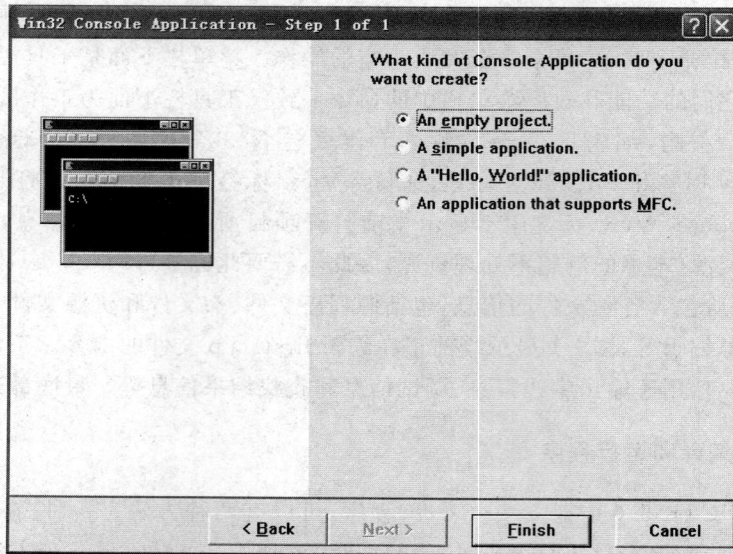

图 1-3　Visual C++ 向导对话框

（3）选择图 1-3 中的 An empty project 单选按钮,单击 Finish 按钮,出现一个显示项目信息的对话框。单击 OK 按钮,项目创建完毕。产生一个如图 1-4 所示的项目文件。

此时创建的项目是一个空项目,不包括任何源文件和头文件。执行 File→New 命令,或执行 Project→Add To Project→New 命令,又弹出 New 对话框,选择 Files 选项卡,如图 1-5 所示。

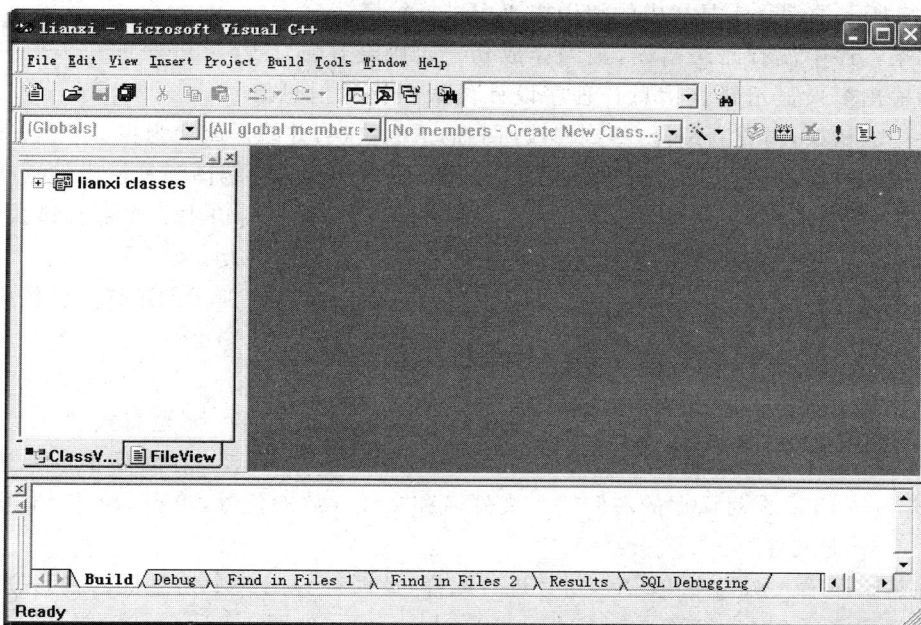

图 1-4 向导创建的空项目

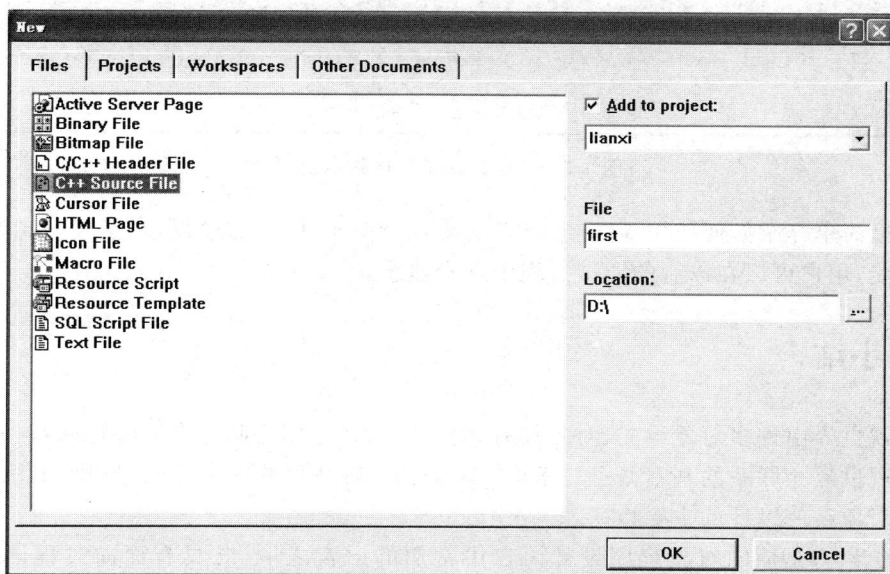

图 1-5 向项目中添加源文件

在文件类型列表中选择 C++ Source File,在 File 文本框中输入文件名,在 Location 文本框中输入或通过图标 ⎯ 选择文件存放的路径,单击 OK 按钮,则会显示如图 1-1 所示的状态,然后在编辑区中就可以写程序了。

将程序代码输入后,要对所编写的程序进行编译。执行 Build→Compile 命令,或单击图 1-6 所示的编译工具栏中的编译按钮 🐢 进行编译。

图 1-6　编译工具栏

如果程序中没有语法错误,则编译成功。否则会在图 1-1 所示的输出窗口显示错误信息。程序设计员根据提示信息修改程序中的错误,再重新编译,直到修改所有的语法错误,并编译成功为止。

编译通过后,执行 Build→Build 命令,或单击图 1-6 所示的编译工具栏中的链接按钮 🏢 进行链接。在链接过程中,链接的相关信息会显示在输出窗口中。如果有错误,程序设计员根据提示信息修改错误,再进行编译和链接,直到链接成功。

程序链接完成后,执行 Build→Execute 命令,或单击图 1-6 所示的编译工具栏中的运行按钮 ! 执行程序。被执行的程序会在控制台窗口中运行。

第二种方法:直接建立 C++ 文件。

在建立单文件程序时,为了简化步骤,可以不建立项目文件,而是直接建立源程序。首先选择 File→New 命令,弹出 New 对话框,选择 Files 选项卡。在对话框的左边选择 C++ Source File,在对话框的右侧输入文件名和文件存放的位置,单击 OK 按钮,则建立了一个 C++ 源文件。

在编辑区输入源程序代码后,对其进行编译,此时会弹出一个信息框,询问是否为编写的程序建立一个项目工作空间(Project Workspace)。如图 1-7 所示,单击“是”按钮,表示同意由系统建立默认的项目工作空间,然后进行编译、链接和运行程序。

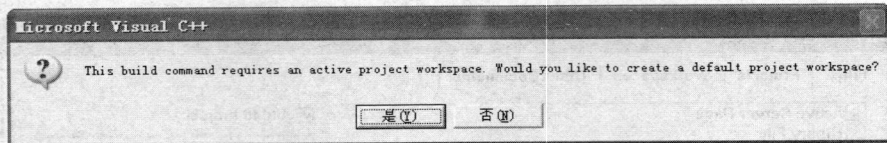

图 1-7　建立默认工作区提示窗口

这里简单介绍如何使用 Visual C++ 6.0 运行 C++ 程序的过程,对于 Visual C++ 的其他功能,用户可以在以后的调试过程中逐步熟悉。

1.5　小结

客观世界由许多对象组成,对象具有属性和行为,它们之间存在着各种联系。本章介绍与客观世界相联系的基本概念与术语:对象、类、属性和方法。抽象、封装、继承和多态是面向对象程序设计的主要特征。

C++ 语言是面向对象程序设计语言中常用的语言之一,既具有面向过程语言的特点,又具有面向对象语言的特点,是带有“类”的 C 语言。本章通过实例,介绍 C++ 程序的构成,以及与 C 语言的不同。

开发一个 C++ 程序一般需经过 4 个步骤,即编辑、编译、链接和运行。Visual C++ 是 C++ 语言常用的运行环境之一,本章简单介绍如何在 Visual C++ 6.0 环境下编写一个 C++ 程序,并执行该程序的方法。

习 题

1. 什么是类？什么是对象？对象与类的关系是什么？
2. 面向对象程序设计的特点是什么？
3. 简介 C++ 程序与 C 程序的不同。
4. 编写一个 C++ 程序，通过键盘输入 10 个整数，求这 10 个数的最大值。
5. 熟练掌握一种 C++ 程序的运行环境。

第 2 章　数据类型与程序控制流程

著名科学家沃思(Niklaus Wirth,1934—)提出,程序＝数据结构＋算法。在 C++ 程序中,数据结构是通过数据类型来描述的,算法是由一系列控制结构组成,而顺序结构、选择结构和循环结构是构成复杂算法的基础。

本章主要介绍 C++ 的基本数据类型和自定义数据类型,并介绍程序设计的 3 种基本结构,以及使用 3 种基本结构实现的操作。

2.1　关键字和标识符

符号是组成程序的基本单位,它是由若干字符组成的具有一定意义的最小词法单元,如关键字、标识符、变量、分隔符和注释符等。组成符号的字符必须是这种语言字符集中的合法字符。

2.1.1　关键字

关键字也称为保留字,是 C++ 预先定义的字符序列,具有特殊的含义及用法,用户不能将它们作为自己的变量名或函数名等。C++ 中的关键字主要如下:

```
asm        auto        bool        break            case     catch     char
class      const       const_cast  continue         default  delete    do
double     dynamic_cast else       enum             explicit export    extern
false      float       for         friend           goto     if        inline
int        long        mutable     namespace        new      operator  private
protected  public      register    reinterpret_cast return   short     signed
sizeof     static      static_cast struct           switch   template  this
throw      true        try         typedef          typeid   typename  union
unsigned   using       virtual     void             volatile wchar_t   while
```

这些关键字的意义和用法,将在后面逐步介绍。

2.1.2　标识符

标识符是用来标识用户自己定义的变量名、函数名、数组名、类型名、符号常量等,它是有效的字符序列。标识符的命名应遵循以下规则。

(1) 不能是关键字。

(2) 只能由字母、数字和下划线组成。

（3）第 1 个字符必须是字母或下划线，并且中间不能有空格。

（4）不要与系统中的库函数、类名和对象名同名。

sum、getName、_love、Lotus_1_2_3 都是合法的标识符。

12average、Mr. John、a＞b、$ abc 都是非法的标识符。

为增强程序的可读性，标识符尽可能见名知义，并符合 Windows 标准命名法。标识符的命名方法很多，匈牙利（Hungarian）命名法是目前比较流行的一种规范。

匈牙利命名法有两种：匈牙利系统命名法（前缀代表变量的实际数据类型）和匈牙利应用命名法（不表示实际数据类型，而是给出了变量目的的提示，或者说它代表了什么）。在这种命名方法中，一个变量名由一个或多个小写字母开头，这些字母有助于记忆变量的类型与用处，紧跟着就是程序员选择的任何名称，名称的首字母可以大写以区别前面的类型指示符，即驼峰式大小写。

当变量名或函数名由两个或多个单词连接到一起，而构成唯一的标识符时，单词之间不用连接线（hello-world）和下划线（hello_world）连接。它有两种格式：小驼峰式命名法和大驼峰式命名法。

小驼峰式命名法：第一个单词以小写字母开始，第二个单词以大写字母开始，如 getName。

大驼峰式命名法：每一个单词的首字母都以大写开始，如 GetName（Pascal 命名法）。

2.2 基本数据类型

数据是程序处理的对象，数据可以依据其本身的特点进行分类，如数学中有整型、实型数据，日常生活中姓名可以是字符串、性别可以是单字符；还有些问题的结果是真或假等。不同类型的数据有不同的处理方法，例如，整数只能做加、减、乘、整除和取余运算，而字符串可以进行连接操作等。

C++ 具有丰富的数据类型，可分为基本数据类型、构造数据类型和类三大类，如图 2-1 所示。

基本数据类型和构造数据类型是 C 语言本身就存在的数据类型，类是 C++ 新增的、最有特点的数据类型。

基本数据类型是 C++ 编译系统内置的。表 2-1 列出了 C++ 的基本数据类型以及每种数据类型的长度和取值范围。

数据类型
- 基本数据类型：整型、实型、字符型、布尔型、空类型
- 构造数据类型：数组类型、指针类型、结构体类型、共用体类型、枚举类型
- 类

图 2-1　C++ 的数据类型

说明：

（1）由于 char 型数据在计算机内部存储的是其 ASCII 码，可以看作是整数类型。所以在基本数据类型中，除了布尔类型外，主要有两大类：整数和浮点数。

（2）所有整型数据和字符型数据在计算机内存中是采用补码形式存放的。

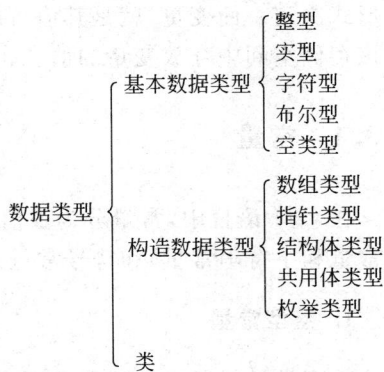

表 2-1　C++ 的基本数据类型

类 型 名	标 识 符	长度(B)	取 值 范 围
布尔型	bool	1	false, true
字符型	[signed] char	1	$-128 \sim 127$
无符号字符型	unsigned char	1	$0 \sim 255$
短整型	[signed] short [int]	2	$-32\,768 \sim 32\,767$
整型	[signed] int	4	$-2\,147\,483\,648 \sim 2\,147\,483\,647$
长整型	[signed] long [int]	4	$-2\,147\,483\,648 \sim 2\,147\,483\,647$
无符号短整型	unsigned short [int]	2	$0 \sim 65\,535$
无符号整型	unsigned int	4	$0 \sim 4\,294\,967\,295$
无符号长整型	unsigned long [int]	4	$0 \sim 4\,294\,967\,295$
单精度型	float	4	$-3.4 \times 10^{38} \sim 3.4 \times 10^{38}$
双精度型	double	8	$-1.7 \times 10^{308} \sim 1.7 \times 10^{308}$
长双精度型	long double	8	$-1.7 \times 10^{308} \sim 1.7 \times 10^{308}$

（3）在 C 语言中，真值用非零表示，假值用零表示。bool 类型是 C++ 新增的数据类型，取值只能是 false（假）或 true（真）。所有的关系运算和逻辑运算得到的结果都是 bool 类型的结果，而不是 int 型。默认情况下，bool 表达式输出时，真值输出 1，假值输出 0。

2.3　常量与变量

常量是指在程序运行过程中其值不能发生变化的量。常量也具有类型，类型由其表示形式决定。而变量，就是其值可以发生变化的量。变量在内存中占有一定的存储空间，在该存储空间中存放变量的值。

2.3.1　常量

在 C++ 语言中，常量分为数值常量（包括整型常量和实型常量）、字符型常量（包括字符常量和字符串常量）和符号常量。

1. 整型常量

整型常量包括正整数常量、负整数常量和零。整型常量可以用十进制、八进制和十六进制 3 种记数形式表示。

十进制整数：以 1～9 中的一个数开头，后面跟上若干位 0～9 的数字表示的数。例如，12、−102、+1234。

八进制整数：以数字 0 开头，后面跟上若干位 0～7 的数字表示的数。例如，012、+027、−0105。

十六进制整数：以 0x 或 0X 开头，后面跟上若干位 0～9 的数字，或字母 a～f（或 A～F）表示的数。例如，0x12、0xa2、+0Xaf、−0x12bc3。

在一个常数的后面加上字母 L（大小写都可以），表示该常数是一个长整型的数据。

在一个常数的后面加上字母 u 或 U,表示该常数是一个无符号整数。

2. 实型常量

实型常量又称为浮点数或实数。实型常量在内存中以浮点形式存放,无数制区分,有两种表示形式:十进制小数形式和指数形式。

十进制小数形式:十进制形式的实数由十进制整数部分、小数点和十进制小数部分组成。小数点是必不可少的,整数部分和小数部分可以只取其一,但必须至少保留一项。例如,1.2、−1.23、12. 、.5、+12.34。

可以使用后缀字母 f(或 F)表示一个单精度实型常量,否则认为是双精度实型常量。如果浮点数后缀字母为 l(或 L),表示此数是一个长双精度型实数。

指数形式:又称为科学计数法,一个浮点型常量表示成某一个称为尾数的基础值乘以 10 的某一整数次幂。尾数可以是一个十进制整数或小数,后面紧跟着字母 e 或 E 和一个称为指数的一个整数。例如,12.34e4、−.25e−3、234E+5。

字母 e 或 E 前面必须有数字,后面必须是整数,例如,如果采用指数形式表示 10 000,应写为 1e+4,而不能写成 e4。

3. 字符常量

在 C 语言中,由单引号括起来的单字符,称为字符常量。例如,'a'、'♯'、'3'、'/'等。字符常量具有数值,其值对应于 ASCII 码值,如'A'的值是 65,'a'的值是 97。因此字符常量和整型常量可以混合使用。英文字母区分大小写,如'A'和'a'表示两个不同的字符常量。

除了以上字符之外,还有一些特殊形式的字符常量,是由'\'开头的字符常量,称为转义字符,常用的转义字符如表 2-2 所示。

表 2-2　常用的转义字符

转义字符	含　义	转义字符	含　义
\a	响铃	\v	垂直制表符
\b	退格(Backspace 键)	\\	反斜杠符\
\f	走纸换页	\'	单引号'
\n	换行符,光标移至下一行行首	\"	双引号"
\r	回车符,光标移至本行行首	\ddd	ddd 为 1~3 位八进制数
\t	水平制表符(Tab 键)	\xhh	hh 为 1~2 位十六进制数

4. 字符串常量

用双引号括起来的零个、一个或多个字符序列称为字符串常量。例如,"China"、"a"、"123"。

字符串在内存中占的字节数是串的长度+1。因为在内存中除了存储每个字符外,在末尾还存储一个结束符'\0',如下:

C	h	i	n	a	\0

注意：字符串常量"a"和字符常量'a'是不同的，前者在内存中占 2B，后者在内存中占 1B。

5. 布尔常量

bool 型常量只有两个，即 true(真)和 false(假)，在内存中占 1B。

6. 符号常量

在程序中除了可以直接使用常量外，还可以使用符号常量，即用一个标识符代表一个常量。在 C++ 中有两种形式定义符号常量，一种是使用编译预处理命令中的宏定义，另一种是使用 C++ 中的常量说明符 const。两种符号常量的定义格式分别如下：

#define 宏名 字符串
const 类型说明符 常量名=常量值;

宏定义是在编译之前，将程序中出现的宏名用字符串进行简单的替换，不作语法检查，并且没有数据类型，而 const 定义的符号常量是有数据类型的。例如：

```
#define PRICE 50
#define PI 3.14159
const float PI=3.14159;
```

如果在程序中多处使用同一个常量，当需要对该常量进行修改时，只需在定义处修改一次，而不需要修改多处。在 C++ 中，符号常量一般用大写字母表示。

例 2-1 常量的使用。

```
#include <iostream>
using namespace std;
#define PI 3.14159
const float R=3.5;
int main()
{
    cout<<25<<'\t'<<025<<'\t'<<0x25<<endl;          //整型常量的输出
    cout<<12.5f<<'\t'<<1.25e+2<<endl;               //实型常量的输出
    cout<<'A'<<'\t'<<'\101'<<'\t'<<'\x41'<<'\n';    //字符常量的输出
    cout<<"Hello"<<'\t'<<"world!"<<endl;            //字符串常量的输出
    cout<<true<<'\t'<<false<<endl;                  //布尔常量的输出
    cout<<"圆面积 area="<<PI*R*R<<endl;             //符号常量的输出
    return 0;
}
```

程序运行结果：

```
25      21      37
12.5    125
A       A       A
Hello   world!
        0
圆面积area=38.4845
```

2.3.2 变量

变量是指在程序运行过程中其值会发生变化的量。变量名必须用正确的标识符来标识。在 C++ 中，所有的变量必须先定义，才能使用，并且变量的定义尽可能见名知义。定义变量的一般格式为

[<存储类别>] <变量类型><变量 1>,<变量 2>,…,<变量 n>

例如：

```
static int sum,max;        //定义 2 个静态整型变量
float average;             //定义 1 个单精度实型变量
unsigned short a,b;        //定义 2 个无符号的短整型变量
```

变量定义后，就有了类型，也就确定了变量的取值范围，以及其可以参加的运算。但在使用变量前，必须先对其进行赋值。赋值的方法有两种：一种是在定义变量的同时，对其进行赋值（亦称为初始化）；另一种是先定义变量，然后通过赋值语句对其进行赋值。例如：

```
int sum=0,a(3),b,c,d;
b=5;
c=d=0;
```

例 2-2 变量的使用。

```cpp
#include <iostream>
using namespace std;
int main()
{
    int a=3,b(5),c;
    unsigned short k;
    float f;
    double d;
    char ch1,ch2;
    c=a*b;
    k=32;
    f=12.5f; d=12.56;
    ch1='a'; ch2='A';
    cout<<"a="<<a<<",b="<<b<<",c="<<c<<endl;
    cout<<"k="<<k<<endl;
```

```
        cout<<"f="<<f<<",d="<<d<<endl;
        cout<<"ch1="<<ch1<<",ch2="<<ch2<<'\n';
        return 0;
    }
```

程序运行结果：

```
a=3, b=5, c=15
k=32
f=12.5, d=12.56
ch1=a, ch2=A
```

说明：

在 C++ 中，变量的声明非常灵活，它允许变量声明与可执行语句在程序中交替出现。这样，程序员就可以在使用一个变量时才声明它。当然，变量的声明一定要符合"先定义，后使用"的规定。

例如：

```
void func(int x,int y)          //形参的声明
{
    for(int i=1;i<=5;i++)       //循环变量的声明
    {
        int f=1;                //复合句内变量的声明
        f*=i;
        cout<<i<<"!="<<f<<endl;
    }
    int z;                      //局部变量在使用前声明
    z=x+y;
    cout<<x<<"+"<<y<<"="<<z<<endl;
}
```

关于变量在何处声明，众说纷纭。有人认为所有变量应在开始处声明，这样维护程序时可以迅速找到变量声明的地方；而有人认为变量应在使用前进行声明，有助于避免局部变量说明不当而产生的副作用，并且避免了在修改程序时必须回到变量声明处查看和修改，节省时间。一般情况下，在较大函数中，在最靠近使用变量的位置声明变量较合理；而在较短的函数中，把局部变量集中在函数开始处声明。

2.4 运算符与表达式

C++ 中有丰富的运算符和表达式。运算符除了有优先级外，还具有结合方向。表 2-3 列出了常用的运算符及其优先级和结合性。

由表 2-3 可以看出，根据表达式中运算符所连接的运算量，C++ 中有 3 种运算符：单目运算符、双目运算符和三目运算符。通过运算符将运算量（包括常量、变量、函数）连接起来的式子称为表达式。

表 2-3 C++ 的运算符及其优先级和结合性

优 先 级	运　算　符	结 合 性
1	() . -> [] ::	自左至右
2	* &(取地址) new delete ! ++ -- -(负号) sizeof()	自右至左
3	* / %	自左至右
4	+ -	自左至右
5	<< >>	自左至右
6	< <= > >=	自左至右
7	== !=	自左至右
8	&	自左至右
9	^	自左至右
10	|	自左至右
11	&&	自左至右
12	||	自左至右
13	? :	自右至左
14	= *= /= %= += -= <<= >>= &= ^= |=	自右至左
15	,	自左至右

2.4.1 算术运算符和算术表达式

C++ 中的算术运算符包括基本算术运算 +、-、*、/、% 和自增自减运算符 ++、--。由算术运算符、操作数和括号构成的式子称为算术表达式。

算术表达式的运算结果是具有确定类型的数值,下面给出一些合法的算术表达式:

(a+5)/b、5/3、5.0/2、(-b+sqrt(b*b-4*a*c))/(2*a)

说明:

(1) 在一个表达式中,若要提高其运算的优先级,可使用"()"。并且不管括号有多少层,一律使用圆括号。

(2) 对于除法运算,若两个运算量都是整数,则进行整数除运算,例如 7/2,结果为 3;若有一个运算量为实数,则进行实数除运算,例如 7/2.0,结果为 3.5。

(3) % 要求参加运算的两个运算量都必须是整数,其结果也是整数。例如:7%2 结果为 1。

(4) 算术表达式的书写形式与数学表达式的书写形式不同。例如,数学式子 b^2-4ac 必须写成 b*b-4*a*c,表达式中的乘号(*)不能省略。

(5) 自增(++)和自减(--)运算符是两个单目运算符,其作用是使变量的值加 1 和减 1,其结合方向是右结合的。例如:

++i,--i 功能:在使用变量 i 之前,使 i 的值加(减)1。

i++,i-- 功能:在使用变量 i 之后,使 i 的值加(减)1。

上例中的自增(++)和自减(--)操作等价于 i=i+1 和 i=i-1。若在单一语句中,自增和自减运算符在变量的前面或后面,作用相同,但在表达式运算中,运算符在变量的前后,其两者的执行顺序不同。

例如,若变量 i 的值为 5,则有:

```
j=++i;          //i 的值先自增为 6,再赋给变量 j,j 的值为 6
j=i++;          //先将 i 的值 5 赋给变量 j,然后 i 的值再自增为 6,j 的值为 5
```

而

```
++i;
```

和

```
i++;
```

功能相同,都是使变量 i 的值增加 1。

(6) 自增和自减运算符只能用于变量,不能用于常量和表达式。例如,5++或--(a+b)都是非法的。

2.4.2　赋值运算符和赋值表达式

由赋值运算符=组成的式子称为赋值表达式。表达式的一般形式如下:

<变量名>=<表达式>

赋值号的左边只能是变量,右边的表达式可以是常量、变量和函数调用等。赋值表达式具有计算和赋值的双重功能,表达式按照运算规则计算出具体的结果,然后将计算结果赋给变量。例如:

```
a=b+3*c          //先进行计算,然后再赋值
y=max(a,b)       //先进行函数调用,然后再赋值
(x=y)=a+b        //该赋值表达式是错误的,因为 x=y 不是变量,而是表达式
```

说明:

(1) 可以连续给若干变量赋相同的值。例如:

```
a=b=c=3;
```

(2) 若赋值号右边的表达式与左边变量的数据类型不一致,则表达式计算结束后,系统将会自动进行类型转换,转换成变量的类型。

例如:设变量 a 为整型变量,则执行

```
a=97.65;
```

后,变量 a 的值为 97。

(3) 在赋值运算符=之前加上其他运算符,可以构成复合的赋值运算符。C++ 中给出 10 种复合的赋值运算符。它们是+=、-=、*=、/=、%=、&=、|=、^=、<<=、>>=。

例如:

```
a+=3            //等价于 a=a+3
x*=y+5          //等价于 x=x*(y+5)
x%=a*b          //等价于 x=x%(a*b)
```

2.4.3　关系运算符和关系表达式

关系运算符主要用于判断条件的表达,决定值和值之间的关系。C++ 语言提供 6 种关系运算符:>、>=、<、<=、==、!=。关系运算符主要用于比较两个表达式的值,而关系表达式是用关系运算符将两个操作数连接起来得到的表达式,关系表达式产生的值只有两个:真(值为 1)和假(值为 0)。

例如:

```
int a=3,b=5,c=1,d,f,g;
d=a+4>b         //d 的值为 1
f=a<b>=c        //f 的值为 1
g=b-a==c        //g 的值为 0
```

2.4.4　逻辑运算符和逻辑表达式

当判断条件不是一个简单的条件,而是由几个给定简单条件组成的复合条件时,可以通过逻辑运算符进行连接。C++ 语言提供了 3 种逻辑运算符:!(逻辑非)、&&(逻辑与)和||(逻辑或)。由逻辑运算符连接起来的式子称为逻辑表达式。逻辑表达式的结果与关系表达式的结果一样,只有两个:真(值为 1)和假(值为 0)。

说明:

(1) 系统给出的逻辑结果只有两个值 1(真)和 0(假),不可能有其他数值。而在逻辑表达式中参与逻辑运算的操作对象可以是任何非 0 值(真)或 0(假)值。例如表达式:

```
5 && 3
```

5 和 3 都是非 0 值,表示为"真",两个操作数都是"真",所以表达式的值为 1(真)。

(2) 对于逻辑表达式,可以由几个运算对象和逻辑运算符组成。例如表达式:

```
(a>b) && ! (c-d) || (a>=5)
```

在进行运算时,若表达式由运算对象和不同的运算符组成,要注意运算符的优先级。

(3) 在逻辑表达式的求解中,并不是所有的逻辑运算符都被执行。为了提高速度,编译器会对下面两种特殊情况进行不同的处理。

(表达式 1) && (表达式 2)

根据语法规则,只要表达式 1 的值为假(0),则不论表达式 2 的值如何,"(表达式 1) && (表达式 2)"的结果就为假。因此,编译器对表达式 2 不会进行计算,但会检查语法错误。只有表达式 1 的值为真(1),才计算表达式 2 的值。

例如,若有下列语句段:

```
int a=3,b=5,c;
c=(a>b)&&(++a);
cout<<"a="<<a<<",b="<<b<<",c="<<c<<endl;
```

结果为 a=3,b=5,c=0。

(表达式 1) || (表达式 2)

根据语法规则,只要表达式 1 的值为真(1),则不论表达式 2 的值如何,"(表达式 1) ||(表达式 2)"的结果就为真。因此,编译器对表达式 2 不会进行计算,但会检查器语法错误。只有表达式 1 的值为假(0),才计算表达式 2 的值。

例如:若有下列语句段:

```
int a=3,b=5,c;
c=(a<b)||(++a);
cout<<"a="<<a<<",b="<<b<<",c="<<c<<endl;
```

结果为 a=3,b=5,c=1。

2.4.5 条件运算符和条件表达式

条件运算符是由两个符号(? 和：)组成,必须一起使用。要求有 3 个操作对象,称为三目运算符。条件表达式的一般形式为

表达式 1? 表达式 2:表达式 3

功能:先计算"表达式 1"的值,若为真(非 0),则取"表达式 2"的值为整个条件表达式的值;若"表达式 1"的值为假(0),则取"表达式 3"的值为整个条件表达式的值。
例如:

```
max=a>b? a:b
```

上述表达式是求两个数的最大值,如果 a>b,则 max=a;否则 max=b。
说明:
(1) 表达式 1 可以是任意表达式,只要其结果有一个具体的值即可。
(2) 表达式 2 和表达式 3 不仅可以是数值表达式,还可以是赋值表达式或函数调用。
例如:

```
a>b? max=a:max=b
a>b? cout<<"max="<<a<<endl:cout<<"max="<<b<<endl;
```

(3) 表达式 1、表达式 2 和表达式 3 的类型都可以不同,条件表达式值的类型是表达式 2 和表达式 3 中类型较高的类型。例如,表达式

```
a>y? 1: 1.5
```

的值为 double 型。

2.4.6　sizeof 运算符

sizeof 是一个单目运算符,它返回常量、变量或给定数据类型在内存中所占的字节数,使用该运算符的一般形式如下:

sizeof(常量|变量|<数据类型标识符>)

说明:在计算过程中,不对括号中的表达式本身求值,只给出表达式所占的字节数。

2.4.7　位运算符

位运算符是指能进行二进制位运算的运算符。C++ 提供了 6 种位运算符:&、|、^、~、<<、>>,位运算一般对整数进行操作。

(1) 按位与(&)运算是将两个操作数对应的每一位分别进行与运算,若对应的位都是 1 时,结果为 1,否则为 0。例如(以 1 个字节为例),8 & 2 的结果是 0。

(2) 按位或(|)运算是将两个操作数对应的每一位分别进行或运算,若对应的位都是 0 时,结果为 0,否则为 1。例如,8 | 2 的结果是 10。

(3) 按位异或(^)运算是将两个操作数对应的每一位分别进行异或运算,若对应的位相同时,结果为 0,否则为 1。例如,8^2 的结果是 10。

(4) 按位取反(~)运算是一个单目运算符,对操作数的每一位取反。例如,~8 的结果是 65527。

(5) 左移(<<)运算就是将运算符左边的操作数的各位左移运算符右边指定的位数。低位补 0,高位溢出部分舍弃。例如,8<<2 的结果是 32。若执行 $m<<n$ 操作,如果没有丢失数据,相当于执行了 $m \times 2^n$。

(6) 右移(>>)运算就是将运算符左边的操作数的各位右移运算符右边指定的位数。低位溢出部分舍弃。对于高位部分,若是无符号数或有符号的正数,高位补 0,若是负数,不同的编译器处理不同,有的编译器高位补 1,有的编译器高位补 0。例如,8>>2 的结果为 2。若执行 $m>>n$ 操作,如果没有丢失数据,相当于执行了 $m/2^n$。

例 2-3　位运算符的使用。

```cpp
#include <iostream>
using namespace std;
int main()
{
    unsigned short a,b;
    cout<<"输入无符号数以及要操作的位数: "<<endl;
    cin>>a>>b;
    cout<<a<<" & "<<b<<" ="<< (a&b)<<endl;
    cout<<a<<" | "<<b<<" ="<< (a|b)<<endl;
```

```
cout<<a<<" ^ "<<b<<" ="<< (a^b)<<endl;
cout<<"~"<<a<<" ="<< (unsigned short)(~a)<<endl;
cout<<a<<" << "<<b<<" ="<< (a<<b)<<endl;
cout<<a<<" >> "<<b<<" ="<< (a>>b)<<endl;
return 0;
}
```

程序运行结果：

```
输入无符号数以及要操作的位数:
8 2
8 & 2 = 0
8 | 2 = 10
8 ^ 2 = 10
~8 = 65527
8 << 2 = 32
8 >> 2 = 2
Press any key to continue
```

2.4.8 逗号运算符和逗号表达式

在 C++ 语言中，“,”称为逗号运算符，通过逗号运算符，可以将两个或多个表达式连接起来，构成逗号表达式。逗号表达式的一般形式如下：

<表达式 1>,<表达式 2>,…,<表达式 n>

其运算过程是，先求表达式 1 的值，再求表达式 2 的值，…，最后求表达式 n 的值，而整个表达式的值是表达式 n 的值。

例如：

```
x= (3+4,a=3, a * 5)
```

x 的值是 15。

2.4.9 混合运算时数据类型的转换

当表达式中出现多种数据类型的混合运算时，往往需要进行类型转换，表达式中的类型转换分成两种：隐式类型转换和显式类型转换。

1. 隐式类型转换

隐式类型转换是在编译阶段由编译程序按照一定规则自动转换。运算时编译器对参与运算的数据进行处理的方法是，将占用字节数少的数据类型向占用字节数多的数据类型转换。对于各种数据类型，其转换规则如图 2-2 所示。

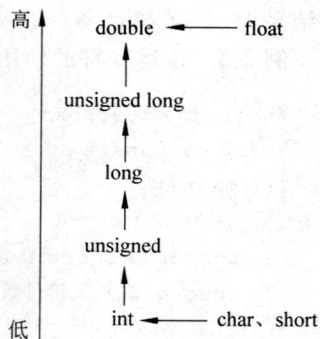

图 2-2 类型转换

说明：

（1）由于级别低的类型向级别高的类型转换，即使两个 char 型的数据也要先转换为 int 型，运算结果也是 int 型；两个 float 型的数据先转换为 double 型，运算结果也是 double 型。

（2）对赋值运算来说，若赋值运算符右边的表达式的类型与左边变量的类型不一致，赋值时先将右边表达式的类型转换为左边变量的类型，然后将转换后的表达式的值赋给左边的变量。例如：

```
float f;
int i;
f=i=3.14159;
```

则变量 i 的值为 3，变量 f 的值为 3.0。

2．显式类型转换

显式类型转换也称为强制类型转换，其作用是将表达式的结果类型转换为另一种指定的类型。标准 C++ 支持 C 语言的两种类型转换形式。

类型说明符 (表达式)

或

(类型说明符) 表达式

例如：

```
int x1=10,x2=4;
float y;
```

若执行：

```
y=x1/x2;
```

结果为 2.0，其中的小数部分丢失了，若要得到 2.5，则应该将上述表达式写成：

```
y=(float)x1/x2;
```

或

```
y=float(x1)/x2;
```

除了上面两种转换形式外，标准 C++ 还定义了 4 种类型转换操作符：

```
static_cast    const_cast    reinterpret_cast    dynamic_cast
```

static_cast 是最常用的强制类型转换，它常用来将一个数据类型转换到另一种数据类型，并使用任何合理的转换方式。而其他几个强制转换则用于特殊目的的转换。其格式为

static_cast<类型>(表达式)

例如：

```
average=(float)total/(float)n;
```

可以写成：

```
average=static_cast<float>(total)/static_cast<float>(n);
```

const_cast 用来强制去掉常数性，也就是说将指向常数对象的指针转变为一个指向非常数对象的指针。const 修饰符说明变量的值不可改变，而在一些特殊情况下，使用 const_cast 可以方便地取消变量的常量性。其格式为

const_cast<类型>(参数)

const_cast 中的类型必须是指针、引用或者成员指针。const_cast<类型>(参数)的作用是创建一个参数的可修改副本，然后传递给被调函数。

例如：

```
const var=5;
int x;
x=const_cast<int&>(var);
```

例 2-4　在数组中查找是否有给定的值，若存在，返回该值在数组中的位置，并在主调函数中输出其值。

```cpp
#include <iostream>
using namespace std;
const int * search(const int a[],int n,int x);
int main()
{
    int a[]={1,3,5,7,9};
    int * pt;
    pt=const_cast<int *>(search(a,5,7));
    if(pt)
        cout<<"find value="<< * pt<<endl;
    else
        cout<<"not found"<<endl;
    return 0;
}
const int * search(const int a[],int n,int x)
{
    for(int i=0;i<n;i++)
        if(a[i]==x)
            return &a[i];
    return NULL;
}
```

程序运行结果：

```
find value=7
Press any key to continue
```

reinterpret_cast 可用来改变指针类型，或将一个指针类型转换为整型，以及整型转换为指针类型。因为转换效果与具体代码实现息息相关，需谨慎使用该类型转换符。其格式为

reinterpret_cast<类型>(表达式)

reinterpret_cast 中的类型必须是一个指针、引用、算术类型、函数指针或者成员指针。它可以把一个指针转换成一个整数，也可以把一个整数转换成一个指针（先把一个指针转换成一个整数，再把该整数转换成原类型的指针，还可以得到原先的指针值）。

操作符修改了操作数类型，但仅仅是重新解释了给出的对象的比特模型而没有进行二进制转换。

例 2-5 reinterpret_cast 的使用举例。

```
#include <iostream>
using namespace std;
int main()
{
    int i,x=1234;
    char * pc=reinterpret_cast<char * >(&x);
    cout<<hex<<&x<<endl;                    //按十六进制形式输出
    for(i=0;i<sizeof(int);i++)
        cout<<static_cast<int>(pc[i])<<endl;
    return 0;
}
```

程序运行结果：

```
0C12FF78
fffffd2
4
0
0
```

由运行结果可以看出，在进行计算以后，pc 包含无用值。这是因为 reinterpret_cast 仅仅是复制 x 的比特位到 pc，没有进行必要的分析。只是为了映射到一个完全不同类型的意思，映射到的类型仅仅是为了故弄玄虚和其他目的，这是所有映射中最危险的。因此，需要谨慎使用。

dynamic_cast 用于继承层次中的类型转换，其格式为

dynamic_cast<类型>(表达式)

dynamic_cast 操作符把表达式转换成给定类型的对象。类型必须是类的指针、类的引用或者 void * ；如果类型是类指针类型，那么表达式也必须是一个指针，如果类型是一个引用，那么表达式也必须是一个引用。

由于 dynamic_cast 主要用于类层次间的转换，在继承章节中再进行详细讨论。

说明：

（1）要转换的类型放在尖括号中，需转换的表达式放在圆括号中。

（2）前 3 种类型转换都可以用 C 语言中的强制类型转换方式来描述，只是分类更细化，语义更加明确。

（3）强制类型转换只是将表达式的值进行类型转换，而变量本身的类型没有发生变化。

2.5　输入输出简介

在 C++ 中，数据的输入看作从键盘、磁盘文件或其他输入源输入的一串连续的字节流；数据的输出看作是输出到显示器、磁盘文件或其他目标的一串连续字节流。因此 C++ 中数据的输入输出是通过 I/O 流来实现的。流在使用前要先建立，使用后要删除。从流中获取数据的操作称为提取操作；向流中添加数据的操作称为插入操作。cin 用来处理标准输入，即键盘输入。cout 用来处理标准输出，即屏幕输出。

操作符>>和<<分别用于输入和输出，这两个操作符都能分析所处理数据的数据类型，所以不需要像 scanf 和 printf 函数那样进行格式控制，其结合方向是从左到右的。

2.5.1　输入操作符

输入操作通过操作符>>来完成，输入操作符又称为提取运算符，它是一个双目运算符，有两个操作数，左边的操作数是 istream 类的一个对象 cin，右边的操作数是系统预定义的任何数据类型的变量。其一般格式为

cin>>表达式 1>>表达式 2>>…;

例如：

```
int i;
float f;
char ch;
cin>>i>>f>>ch;
```

用户从键盘输入的数据会自动地转换成每种变量所具有的数据类型，并存入相应的变量中。

给一组变量输入值时，可用空格或换行符将输入的数值间隔开，即使输入的数据中包含 char 型数据。例如，对于上面的输入，可以按如下形式输入值：

```
8 15.6 a
```

此时 i 的值为 8，f 的值为 15.6，ch 的值为 a。

说明：

（1）当输入字符串时，运算符>>的作用是跳过空白符，读入后面的非空字符，直到

遇到另一个空白符为止。并在字符串的末尾加上一个结束符'\0'。例如：

```
char * str[80];
cin>>str;
```

若输入：

```
This is a C++program
```

则接收的字符串为 This,其他字符全被略去。

（2）数据输入时,系统除了检查是否有空白符外,还检查输入数据与变量的类型匹配。例如：

```
int i;
float f;
cin>>i>>f;
```

若输入 56.78 45.67,此时 i 和 f 的值不是预想的 56.78 和 45.67,而 i 的值是 56,f 的值是 0.78。这是因为系统是通过数据类型来分隔输入的数据的。例如：

```
int i;
char str[80];
cin>>i>>str;
```

若输入 9Hello,此时 i 的值是 9,str 的值是字符串 Hello,即使输入的数据之间没有空格隔开。

2.5.2　输出操作符

输出操作通过操作符＜＜来完成,输出操作符又称为插入运算符,它是一个双目运算符,有两个操作数,左边的操作数是 ostream 类的一个对象 cout,右边的操作数是系统预定义的任何数据类型的常量、变量或表达式。其一般格式为

cout<<表达式 1<<表达式 2<<…；

例如：

```
cout<<"This is a C++program."<<endl;
```

作用是将字符串 This is a C++ program. 插入到流对象 cout 中,cout 是标准输出流,一般指显示器。

在使用输出操作符＜＜进行输出操作时,不同类型的变量也可以组合在一条语句中。例如：

```
int i=123;
float f=45.6;
cout<<"i="<<i<<",f="<<f<<endl;
```

就是整型和单精度型组合在一起的语句,编译时编译器会根据出现在＜＜操作符右边的变量或常量的类型来决定调用哪个＜＜的重载操作。

2.5.3　常用控制符

当使用 cin 和 cout 进行数据的输入输出时,无论处理何种类型的数据,都能够自动按照正确的默认格式处理。C++ 的 I/O 流类库提供一些操纵符,这些操纵符可以改变输入输出流的状态。表 2-4 列出了一些常用的操纵符。

表 2-4　常用的 I/O 流类库操纵符

操　纵　符	含　义
dec	以十进制输入或输出
endl	换行并刷新输出流
fixed	使用定点形式表示浮点数
hex	以十六进制输入或输出
left	左对齐
oct	以八进制输入或输出
right	右对齐
setfill(c)	把 c 用作填充字符
scientific	用科学计数法表示浮点数
setprecision(n)	设置浮点数的小数位数
setw(n)	设置域宽

说明:

(1) 使用不带参数的操纵符时,必须包含头文件 iostream,而使用带参数的操纵符时,则需要头文件 iomanip。

(2) 除了 setw 外,其他操纵符将永久地改变它所应用到的输入或输出流的状态,而 setw 的影响仅持续到下一个输入或输出操作。

(3) 若使用 setw 设置域宽,如果域宽少于所需位数,则仍将输出该项。例如,输出整数 12345 要求 5 位,若域宽设置少于 5 位,则该整数仍按 5 位输出;若域宽设置大于 5 位,则输出时将在它的左边用空格填满指定的位数。

例 2-6　控制符的使用举例。

```
#include <iostream>
#include <iomanip>
using namespace std;
int main()
{
    int a,b,c;
    float f;
    cin>>a>>b>>c>>f;
    cout<<"a="<<a<<",b="<<b<<",c="<<c<<endl;
```

```
    cout<<hex<<"a="<<a<<",b="<<b;
    cout<<oct<<",c="<<c<<endl;
    cout<<dec<<setw(6)<<a<<endl;
    cout<<setw(6)<<left<<setfill('*')<<a<<endl;
    cout<<"f="<<f<<",f="<<scientific<<f<<endl;
    cout<<"f="<<fixed<<setprecision(3)<<f<<endl;
    return 0;
}
```

程序运行结果：

```
15 20 25 3.14159
a=15,b=20,c=25
a=f,b=14,c=31
     15
15****
f=3.14159, f=3.141590e+000
f=3.142
Press any key to continue
```

2.6 程序的基本控制结构

结构化设计方法是以模块化设计为中心,将待开发的软件系统划分为若干个相互独立的模块,使每一个模块的工作变得单纯而明确。一个模块可以是一条语句、一段程序、一个函数。C++ 源程序是由若干函数构成的,每个函数实现一个特定的功能。每个函数可以看作一个程序模块,任何算法功能都可以通过由程序模块组成的 3 种基本结构的组合来实现：顺序结构、选择结构和循环结构。

顺序结构的程序是最简单的,按照程序的编写顺序从上到下执行,前面举的例子都是顺序结构的。当问题稍微复杂时,则需要使用选择结构或循环结构。选择结构和循环结构要用到下列控制语句。

2.6.1 if 语句

if 语句是专门用来实现选择型结构的语句,其执行规则是,根据表达式是否为真,执行相应的操作。常见的 if 语句形式有 3 种。

形式 1：

if(表达式)
    内嵌语句;

如果表达式的值为真,则执行内嵌语句,否则跳过内嵌语句。if 语句执行完后,程序继续执行下一条语句。例如：

```
if(a>b)
{
    temp=a; a=b; b=temp;
```

```
    }
    cout<<"a="<<a<<",b="<<b<<endl;
```

只有 a 比 b 的值大,才将 a 和 b 的值进行交换,无论表达式(a>b)的结果是真是假,输出语句始终都会执行。

形式 2:

```
if(表达式)
    内嵌语句 1;
else
    内嵌语句 2;
```

如果表达式的值为真,执行内嵌语句 1,跳过内嵌语句 2。如果表达式的值为假,则跳过内嵌语句 1,执行内嵌语句 2。if-else 语句执行完后,程序继续执行下一条语句。例如:

```
if(a>b)
    max=a;
else
    max=b;
cout<<"max="<<max<<endl;
```

上述操作是将两个数的最大值赋给变量 max。执行完 if-else 语句后,输出 max 的值。

形式 3:

```
if(表达式 1)
    内嵌语句 1;
else if(表达式 2)
    内嵌语句 2;
    ⋮
else if(表达式 n)
    内嵌语句 n;
else
    内嵌语句 n+1;
```

如果表达式 1 的值为真,执行内嵌语句 1,跳过后面所有的内嵌语句。如果表达式 1 的值为假,则跳过内嵌语句 1,判断表达式 2 的值是否为真,若为真,执行内嵌语句 2,跳过后面所有的内嵌语句。重复上述判断,若所有的表达式的值都为假,则执行内嵌语句 n+1。if-else if 语句执行完后,程序继续执行下一条语句。例如:

```
if(score<60)
    grade='E';
else if(score<70)
    grade='D';
else if(score<80)
    grade='C';
else if(score<90)
```

```
        grade='B';
    else
        grade='A';
    cout<<"grade="<<grade<<endl;
```

这是一个将百分制转化为等级值的程序段。如果第 1 个表达式的值为真,表示成绩不及格,等级为 E 级。如果第 1 个表达式的值为假,表示成绩大于等于 60 分;若第 2 个表达式的值为真,表示成绩在 60～69 分之间,等级为 D 级……如果所有表达式都为假,表示成绩在 90(包括 90)分以上,等级为 A 级。执行完上述操作后,输出对应的等级。

说明:内嵌语句可以是各种可以执行的语句,若语句个数超过一条时,一定要用大括号括起来,构成复合句(也称分程序)。分程序的形式如下:

```
{
    <局部数据声明>
    <执行语句段落>
}
```

在分程序中定义的变量只在分程序中有效。例如:

```
int a=5;
{
    int a=9;
    cout<<"a="<<a<<endl;
}
cout<<"a="<<a<<endl;
```

由于在复合句中定义的变量只在复合句内有效,所以第 1 个输出语句 a 的值为 9,执行完复合句后,第 2 个输出语句输出的仍然是复合句外定义的 a 的值,结果为 5。

例 2-7 编程求一元二次方程 $ax^2+bx+c=0$ 的根。

```
#include <iostream>
#include <cmath>
#include <iomanip>
using namespace std;
int main()
{
    float a,b,c,delta,p,q,x1,x2;
    cout<<"请输入 a、b、c 的值: ";
    cin>>a>>b>>c;
    if(a==0)
        return 0;
    delta=b*b-4*a*c;
    p=-b/(2*a);
    q=sqrt(fabs(delta))/(2*a);
    cout<<setprecision(2);                          //小数点保留两位
    if(delta>=0)                                    //求方程的两个实根
```

```
    {
        x1=p+q; x2=p-q;
        cout<<"方程的两个实根是: "<<endl;
        cout<<"x1="<<x1<<",x2="<<x2<<endl;
    }
    else                                        //求方程的两个虚根
    {
        cout<<"方程的两个虚根是: "<<endl;
        cout<<"x1="<<p<<"+"<<q<<"i, ";
        cout<<"x2="<<p<<"-"<<q<<"i"<<endl;
    }
    return 0;
}
```

程序运行结果：

```
请输入a、b、c的值: 3 5 2
方程的两个实根是:
x1=-0.67,x2=-1
```

2.6.2　if 语句的嵌套

在 if-else 语句中可以执行一条语句,也可以包含任何有效的语句块,当该语句块又是一个 if-else 语句时,则形成了 if-else 语句的嵌套。使用嵌套的 if-else 语句可以实现按照不同条件选择两个以上的分支流程。if 语句嵌套形式很灵活,可以在 if 语句中包含 if-else 语句结构,也可以在 else 语句中包含 if-else 结构,或者在 if 及 else 中都包含 if-else 结构。if 语句的嵌套形式为

```
if(表达式 1)
    if(表达式 2)
        内嵌语句 1
    else
        内嵌语句 2
else
    if(表达式 3)
        内嵌语句 3
    else
        内嵌语句 4
```

嵌套的 if 语句的执行过程：若表达式 1 的值为真,进入 if 下面的内层选择结构。若表达式 2 的值为真,执行内嵌语句 1,否则执行内嵌语句 2。执行内嵌语句 1 或内嵌语句 2后,流程跳出整个嵌套结构,转去执行 if 语句下面的语句。若表达式 1 的值为假,进入else 下面的内层选择结构。若表达式 3 的值为真,执行内嵌语句 3,否则执行内嵌语句 4。执行内嵌语句 3 或内嵌语句 4 后,流程跳出整个嵌套结构,转去执行 if 语句下面的语句。

例 2-8　编写程序,判断某一年是否为闰年。

```
#include <iostream>
using namespace std;
int main()
{
    int year,leap;
    cout<<"请输入年份：";
    cin>>year;
    if(year%4==0)            //能被 4 整除
    {
        if(year%100==0)
        {
            if(year%400==0)
                leap=1;      //能被 400 整除
            else
                leap=0;      //能被 100 整除,不能被 400 整除
        }
        else
            leap=1;          //能被 4 整除,不能被 100 整除
    }
    else
        leap=0;              //不能被 4 整除
    if(leap)
        cout<<year<<"年是闰年"<<endl;
    else
        cout<<year<<"年不是闰年"<<endl;
    return 0;
}
```

程序运行结果：

```
请输入年份：1998
1998年不是闰年
Press any key to continue_
```

这是一个典型的 if 语句嵌套的例子。根据输入的年份 year，首先判断 year 是否是 4 的倍数，如果不是，则 year 不是闰年(leap=0)。否则，判断 year 是否是 100 的倍数，如果是，继续判断是否是 400 的倍数，若是，则 year 是闰年(leap＝1)，否则 year 不是闰年(leap＝0)。如果是 4 的倍数，但不是 100 的倍数，则 year 是闰年(leap＝1)。对于给定的问题，经分析可知，判断某年是否是闰年，只要该年能被 400 整除，或者能被 4 整除但不能被 100 整除就是闰年，因此，可以利用逻辑运算简化判断，程序修改如下：

```
#include <iostream>
using namespace std;
int main()
{
    int year;
```

```
cout<<"请输入年份: ";
cin>>year;
if(year%4==0&&year%100!=0||year%400==0)
    printf("%d 年是闰年\n",year);
else
    printf("%d 年不是闰年\n",year);
return 0;
}
```

2.6.3 switch 语句

if 语句不仅可以处理二路分支问题,还可以处理多路分支问题。但如果分支太多,if 与 else 的配对就容易出现问题,而且还会影响程序的可读性。为此,C++ 语言提供了专门用于处理多分支结构的条件选择语句——switch 语句,又称为开关语句。在某些情况下使用 switch 语句,程序结构清晰,使得代码具有更好的可读性。switch 语句的一般形式如下:

```
switch (表达式)
{
case 常量表达式 1: 语句段 1 [break;]
case 常量表达式 2: 语句段 2 [break;]
⋮
case 常量表达式 n: 语句段 n [break;]
[default: 语句段 n+1]
}
```

switch 语句的执行过程:首先计算 switch 表达式的值,如果该表达式的值等于某个 case 后的常量表达式的值,则程序的控制转向该 case 后面的语句,即执行该 case 后的语句段。如果 case 语句段后有 break 语句,执行完语句段后跳出 switch 语句,执行 switch 之后的语句;如果 case 语句段后没有 break 语句,则执行完该语句段后,将继续往下执行,直到遇到 break 语句,如果没有 break 语句,则将执行到 switch 语句的最后。如果 switch 表达式的值不等于任何一个 case 的常量表达式值,switch 语句若有 default 语句,则执行 default 后面的语句,执行后,退出 switch 语句,执行 switch 之后的语句。

说明:

(1) switch 关键字后面的表达式可以是整型、字符型或枚举型表达式。

(2) case 关键字后面的常量表达式必须是与表达式相对应的整型、字符型或枚举型常量,不能是变量和表达式,并且 case 和常量表达式之间要有空格。

(3) 每一个 case 后面的常量表达式的值必须互不相同,即同一个常量在 switch 语句中只能对应一种处理方案,否则会出现互相矛盾的现象。

(4) 语句段可以有一条语句或多条语句,但不必用{ }。

(5) case 和 default 可以出现在任何位置,其前后次序不影响执行结果,但习惯上将

default 放在 switch 语句的底部。

(6) 通常在 case 后面的语句中包含 break 语句,当程序执行与表达式匹配的 case 语句段时,遇到 break 后跳出整个 switch 语句。如果不存在 break 语句,则执行完后,流程控制转到下一个 case(包括 default)中的语句继续执行。

(7) case 提供了执行某一语句段的入口,起着标号的作用;多个 case 可以执行同一语句段。

例 2-9 编写程序,实现四则运算的简单计算器功能。要求用户输入运算数和四则运算符,输出运算结果。

```cpp
#include <iostream>
using namespace std;
int main()
{
    float a,b;
    char oper;        //定义操作符
    cout<<"输入 a、运算符和 b: "<<endl;
    cin>>a>>oper>>b;
    cout<<"运行结果为: "<<endl;
    cout<<a<<oper<<b<<"=";
    switch(oper)
    {
    case '+': cout<<a+b<<endl;
            break;
    case '-': cout<<a-b<<endl;
            break;
    case '*':cout<<a*b<<endl;
            break;
    case '/': cout<<a/b<<endl;
            break;
    }
    return 0;
}
```

程序运行结果:

```
输入a、运算符和b:
2*3
运行结果为:
2*3=6
Press any key to continue
```

2.6.4　循环语句

在许多问题中都需要用到循环结构,循环结构就是同一段程序重复执行多次。C++语言中用于实现循环的语句有 for 语句、while 语句和 do-while 语句。

for 语句的一般格式如下：

```
for(表达式 1;表达式 2;表达式 3)
{
    循环体
}
```

for 语句的执行顺序：首先计算表达式 1 的值,再计算表达式 2 的值,若结果为真,则执行一次循环体;若结果为假,则退出循环。每执行一次循环体后,计算表达式 3 的值,再计算表达式 2 的值,并根据表达式 2 的值(真或假)决定是否继续执行循环体。

例 2-10　编写程序,求整数 n 的阶乘 $n!$,其中 n 的值通过键盘输入。

```cpp
#include <iostream>
using namespace std;
int main()
{
    int i,n;
    float fac;
    cout<<"请输入 n 的值: ";
    cin>>n;
    for(i=1,fac=1;i<=n;i++)
        fac=fac*i;
    cout<<n<<"!="<<fac<<endl;
    return 0;
}
```

程序运行结果：

```
请输入n的值: 5
5!=120
Press any key to continue
```

while 语句的一般格式如下：

```
while(表达式)
{
    循环体
}
```

while 语句的执行顺序：先判断表达式的值,若结果为真,则执行循环体,否则越过循环体,执行循环体下面的语句。

例 2-11　利用辗转相除法,求两个整数的最大公约数。

```cpp
#include <iostream>
using namespace std;
int main()
{
    int m,n,r;
    cout<<"请输入两个正整数 m 和 n: "<<endl;
```

```
    cin>>m>>n;
    r=m%n;                      //计算整数 m 和 n 的余数
    while(r!=0)
    {
        m=n; n=r;
        r=m%n;
    }
    cout<<"最大公约数是: "<<n<<endl;
    return 0;
}
```

程序运行结果:

```
请输入两个正整数m和n:
18 20
最大公约数是：2
Press any key to continue_
```

do-while 语句的一般格式如下:

do
{
    循环体
} while (表达式);

do-while 语句的执行顺序：先执行一次循环体，然后判断表达式的值，若结果为真，则继续执行循环体，否则退出循环，执行循环体下面的语句。

例 2-12   输入一个正整数，将各位数字翻转后输出。

```
#include <iostream>
using namespace std;
int main()
{
    int m,n;
    cout<<"请输入一个正整数: "<<endl;
    cin>>n;
    cout<<"翻转后的值为: "<<endl;
    do
    {
        m=n%10;
        cout<<m;
        n/=10;
    }while(n!=0);
    cout<<endl;
    return 0;
}
```

程序运行结果:

```
请输入一个正整数:
2345
翻转后的值为:
5432
Press any key to continue_
```

说明:

(1) 为了防止"死循环",当采用 while 语句和 do-while 语句实现循环时,在循环体中一定要有修改表达式值的语句。

(2) while 语句实现的循环是先判断条件,后执行循环体,而 do-while 语句实现的循环是先执行循环体,后判断条件。因此,在不确定循环体是否一定执行的情况下,最好使用 while 语句实现循环。

(3) for 语句是最灵活的一种循环语句,既可以用于循环次数确定的情况,又可以用于循环次数未知的情况。

(4) for 语句、while 语句和 do-while 语句 3 种语句实现的循环,可以相互转换。

(5) 可以通过 break 和 continue 控制语句来改变循环的执行顺序。

2.6.5 循环嵌套

循环嵌套是指循环体中又包含另一个循环语句,使用循环嵌套可以构成多重循环结构,以解决较复杂的问题。循环嵌套可以是某一种循环语句的嵌套,也可以是 for、while 和 do-while 3 种循环语句的相互嵌套。

例 2-13 通过键盘输入整数 n,输出从 2 到 n 之间每个数的因子。

```cpp
#include <iostream>
using namespace std;
int main()
{
    int i,j,n;
    cout<<"请输入一个大于 2 的正整数:"<<endl;
    cin>>n;
    for(i=2;i<=n;i++)
    {
        cout<<i<<"的因子包括:"<<endl;
        j=1;
        while(j<=i)
        {
            if(i%j==0)                    //j 是 i 的因子
                cout<<j<<",";
            j++;
        }
        cout<<endl;
    }
    return 0;
```

```
}
```

程序运行结果：

```
请输入一个大于2的正整数：
10
2的因子包括：
1, 2,
3的因子包括：
1, 3,
4的因子包括：
1, 2, 4,
5的因子包括：
1, 5,
6的因子包括：
1, 2, 3, 6,
7的因子包括：
1, 7,
8的因子包括：
1, 2, 4, 8,
9的因子包括：
1, 3, 9,
10的因子包括：
1, 2, 5, 10,
Press any key to continue
```

2.7 C++构造类型

C++中的基本类型，可以用来表示简单数据，如整数、实数等。有时需要将不同类型的数据联合起来，作为一个整体进行处理，这样的类型称为构造类型。构造类型有数组类型、结构体类型、共用体类型和枚举类型等，本节将介绍结构体类型、共用体类型和枚举类型，其他类型将在后续章节中介绍。

2.7.1 结构体类型

若将不同类型的数据组合在一起，如学生的基本信息包括学号、姓名、性别、年龄、成绩等，将它们作为一个整体进行处理，这样的类型称为结构体类型。结构体类型是从 C 语言继承而来的，声明结构体类型的一般形式如下：

```
struct 结构体名称{
    数据类型 1 成员 1;
    数据类型 2 成员 2;
        ⋮
    数据类型 n 成员 n;
};
```

对于结构体成员，可以通过成员运算符"."对其进行访问。

例 2-14 声明一个学生结构体类型，并对该类型的变量进行赋值。

```
#include <iostream>
using namespace std;
```

```
struct Student{
    int ID;
    char name[10];
    char sex;
    int age;
    float score;
};
int main()
{
    struct Student stu={1001,"Zhangsan"};
    cin>>stu.sex>>stu.age>>stu.score;
    cout<<"ID:"<<stu.ID<<endl;
    cout<<"Name:"<<stu.name<<endl;
    cout<<"Sex:"<<stu.sex<<endl;
    cout<<"Age:"<<stu.age<<endl;
    cout<<"Score:"<<stu.score<<endl;
    return 0;
}
```

程序运行结果：

```
f 19 85
ID:1001
Name:Zhangsan
Sex:f
Age:19
Score:85
Press any key to continue
```

说明：

(1) C++ 中，结构体成员除了包含数据成员外，还可以包含函数。包含数据成员和函数的实体称为类，类的概念将在第 5 章介绍。例如：

```
struct Point{
    float x;
    float y;
    void setValue(float x,float y);
};
```

(2) C++ 中，定义结构体变量可以不加关键字 struct，例如，在定义 Point 类型的变量 p 后，可以通过成员运算符来访问 p 的数据成员，或调用 p 的成员函数执行相应的操作。

```
Point p;
p.x=2.5; p.y=4;
p.setValue(1.5,3.8);
```

2.7.2 共用体类型

有时在一组数据中，任何两个数据不会同时有效。例如，当学生和教师存放在一个表中的时候,根据职业不同,若是学生,应输入学生的成绩,需用实数存储;若是教师,则输入教师的工资,需用整数存储。也就是说,某一时刻,两者只能选择其一,此时,可以用一个共用体类型来表示。

声明共用体类型的一般形式如下:

union 共用体名称{
    数据类型 1 成员 1;
    数据类型 2 成员 2;
    ⋮
    数据类型 n 成员 n;
};

例如,声明一个包含教师和学生信息的共用体类型,根据职业的不同,选择不同的数据操作,因此其类型可按如下定义:

```cpp
union Classification{
    int salary;
    float score;
};
struct Student{
    int ID;
    string name;
    char sex;
    int age;
    string job;
    union Classification data;
};
```

例如,定义一个 struct Student 类型的变量 person,根据不同的职业输入相应的值:

```cpp
if(strcpm(person.job,"student")==0)
    person.data.score=85.5;
else
    person.data.salary=3500;
```

说明:

(1) C++ 中,定义共用体变量可以不加关键字 union。例如:

```cpp
Classification uc;
```

(2) 当定义无名共用体时,共用体中的成员可以当作普通变量使用。例如:

```cpp
union{
    int i;
    float f;
};
i=9;
```

```
f=3.14159;
```

需要注意的是,此时在相同的作用域内,不能定义与共用体成员同名的变量,而且无法定义以无名共用体为类型的变量。

2.7.3 枚举类型

枚举是用标识符表示的整型常量的集合。声明枚举类型的一般形式如下:

enum 枚举类型名{枚举元素 1,枚举元素 2,…,枚举元素 n};

例如:

```
enum weekDays{Sun,Mon,Tue,Wed,Thu,Fri,Sat};
```

说明:

(1) 枚举元素不能同名,若不指定枚举元素的起始值,系统将自动从 0 开始为各个枚举值设置初值,后面的枚举值依次增 1。

例如,上面声明的枚举类型中,枚举元素 Sun、Mon、Tue、Wed、Thu、Fri、Sat 的值分别是 0、1、2、3、4、5、6。

若指定某个枚举元素的值,而下一个枚举元素没有指定值,其值是上一个枚举元素值增 1。例如:

```
enum weekDays{Sun=7,Mon=1,Tue,Wed,Thu,Fri,Sat};
```

枚举元素 Tue、Wed、Thu、Fri、Sat 的值分别是 2、3、4、5、6。

(2) C++ 中定义枚举类型变量,可以不用关键字 enum。例如:

```
weekDays workday;
```

(3) 若声明无名枚举类型,枚举元素可以作为常量使用。例如:

```
enum{MinSize=0,MaxSize=100};
int minval=MinSize,a[MaxSize];
```

2.8 用户自定义类型

C++ 语言不仅有丰富的数据类型,还允许用户根据具体需求自定义类型。C++ 语言允许将已存在的基本数据类型和用户自定义的类型起一个别名。声明一个用户自定义类型的一般形式如下:

typedef 已有类型名 新类型名表;

其中,新类型名表中可以有多个标识符,它们之间用逗号隔开。例如:

```
typedef int Array[10],INT;
```

```
INT i,j;              //声明两个整型变量
Array a,b,c;          //声明 3 个大小为 10 的整型数组
typedef struct tagPoint{
    int x;
    int y;
}Point;               //定义一个结构体类型 Point
Point pt1,pt2;        //声明两个 Point 类型变量
```

说明：

（1）习惯上，把 typedef 声明的新类型名的第 1 个字母用大写表示，以便与系统提供的标准类型标识符相区别。

（2）typedef 只是对已有类型起一个新名称，并没有创造新的类型。

（3）使用 typedef 可以增加程序的通用性和移植性。

（4）当不同源文件中用到同一类型数据（像数组、指针、结构体等类型数据）时，常用 typedef 声明一些数据类型，并将这些声明放在一个头文件中。在需要用到它们的文件中用 ♯ include 指令把它们包含到文件中，这样编程者就不需要在各文件中自己定义 typedef 名称了。

2.9　小结

数据是程序处理的对象，数据可以依其本身的特点进行分类。C++ 具有丰富的数据类型，可分为基本类型、构造数据类型和类三大类。基本类型是 C++ 编译系统内置的，构造类型是用户根据实际需要自己定义的。用户自定义类型是在已有类型的基础上，根据特殊需求构造的。

数据有常量和变量之分，每个变量都具有一定的数据类型。所有变量在使用前要先进行定义，说明其具有的数据类型。C++ 中变量的定义比较灵活，可以在程序块的任何地方声明，但必须在它们首次被使用前声明。

通过运算符将运算量连接起来的式子称为表达式。C++ 有丰富的运算符，可以构成具有不同意义的表达式。在一个表达式中的运算量若具有不同的数据类型，运算时要进行类型转换，类型转换有隐式类型转换和显式（或强制）类型转换。C++ 中强制类型转换主要通过关键字 static_cast、const_cast、reinterpret_cast 和 dynamic_cast 实现。

输入和输出是算法的重要特性，C++ 语言中的输入和输出是由标准库提供的，输入输出在 iostream 文件中。标准库保证了类型安全性，不需要像 C 语言中的 scanf 和 printf 函数一样指明格式规范。

结构化程序是由 3 种基本结构组成：顺序结构、选择结构和循环结构。各种结构的实现是由控制语句完成的。C++ 语言中，通过 if 语句和 switch 语句实现选择操作，而通过 for 语句、while 语句和 do-while 语句实现循环操作，并通过 break 语句和 continue 语句改变循环的执行顺序。

习　题

1. 从键盘输入圆锥体的半径和高度,编程求其体积。

2. 输入一个学生的成绩 score,编程判断该学生的等级。score≥90,为 A 级;90>score≥80,为 B 级;80>score≥70,为 C 级;70>score≥60,为 D 级;score<60,为 E 级。

3. 读入 1～7 之间的某个数,输出表示星期中相应的某一天的单词:Monday、Tuesday等,请用 if 和 switch 语句编程实现。

4. 已知某商场售货员工资底薪为 1500 元,月销售利润 profit 与利润提成的关系如下:

profit≤1000 元　　　　　无提成
1000 元< profit≤2000 元　　提成 10%
2000 元< profit≤5000 元　　提成 15%
5000 元< profit≤7000 元　　提成 20%
7000 元<profit　　　　　提成 25%

编写程序,输入利润值,输出提成后的薪水。

5. 输入某年的某月某日,判断这一天是该年的哪一天?

6. 输入一个 5 位正整数,判断该数是否是一个回文?

7. 编程求 200 以内所有的素数,要求每行输出 5 个数。

8. 编程求 π 的近似值:$\frac{\pi^2}{6} \approx \frac{1}{1^2} + \frac{1}{2^2} + \frac{1}{3^2} + \cdots + \frac{1}{n^2}$,直到最后一项的值小于 10^{-6} 为止。

9. 编程求 s=a+aa+aaa+⋯+aa⋯aa(n 个 a),a 和 n 是正整数,并且由键盘输入。

10. 输入一个正整数,编程输出和为该整数的所有组合。例如,输入 n=5,5=1+4,5=2+3,则输出 1,4,2,3。

11. 编程计算 $\sum_{n=1}^{m} n!$,m 为正整数,并通过键盘输入。

12. 如果一个数恰好等于它的因子之和,这个数称为"完数"。例如,6 的因子为 1、2、3,而 6=1+2+3,因此 6 是完数。编程找出 1000 以内的所有完数,并输出其因子。

13. 老农有 1020 个西瓜,第 1 天卖出一半多两个,以后每天卖出剩下的一半多两个,问几天能卖完?

14. 一个袋子里装有 3 个红球、5 个白球和 6 个黑球,现要求任意取出 8 个小球,且其中必须有白球,编程输出可能的方案。

15. 定义一个 Person 类型,包括编号、姓名、性别、年龄属性,定义一个 Person 类型的变量,给该变量赋值并输出。

第3章 函 数

结构化程序设计的基本思想是从上到下,逐步细化,模块化设计和结构化编码。模块化设计就是把一个复杂的问题按照功能划分为若干简单的功能模块,以模块为单位进行程序设计。模块化的目的是为了降低程序复杂度,使程序设计、调试和维护等操作简单化。函数是程序设计语言的重要里程碑之一,它标志着程序模块化设计和软件重用的开始,是面向对象程序设计中对功能的抽象。

第2章介绍实现结构化编码的3种基本结构。本章主要介绍与函数相关的内容,包括函数定义、函数调用、函数重载、变量的作用域和生存期等知识。

3.1 函数的定义与使用

从函数定义的角度来看,函数可分为库函数和用户定义函数两种。C++中提供了丰富的库函数,用户在使用时,可通过命令"♯include <库文件名>"将其包含到源程序中。例如,若在程序中要使用数学方面的函数,应在程序中使用下面的编译预处理命令。

```
#include <cmath>
```

库函数是一些具有通用功能的函数,在实际的程序设计中,有时还需要定义一些具有特殊功能的函数,这些函数的定义需要用户自己完成,这些函数称为用户自定义函数。

3.1.1 函数的定义

函数定义的一般形式如下:

函数类型 函数名 (形式参数表)
{
**   函数体**
}

一个函数的定义由两部分组成:函数首部和函数体。上述函数定义的第1行就是函数首部。函数类型可以是C++中的任何数据类型,若函数没有返回值,其函数类型可以定义为空(void)类型。函数名必须是正确的标识符。参数表中的每个参数都必须有数据类型。函数体中可以包括C++的任何语句,实现函数的功能。

例如,编写函数,判断给定的整数是否是回文。

```
int Judge(int n)
{
    int s=0,m;
```

```
    m=n;        //保留 n 的原值
    while(n)
    {
        s=s * 10+n%10;
        n/=10;
    }
    if(s==m)        //是回文
        return 1;
    return 0;
}
```

函数可以有返回值,返回值的类型原则上应与函数体内 return 语句中表达式的类型保持一致,如果两者出现不一致的情况,以函数首部的类型为准。若可以进行类型转换,则进行相应的类型转换,否则在编译时会发生错误。

每一个程序都必须包含一个称为 main 的主函数。一般来说,系统没有为 main 声明函数原型(函数首部称为函数原型),所以 main 的返回类型与具体编译器无关,但 C++ 要求任何编译器必须支持如下形式的原型:

```
int main()
{//main 的函数体
    return status;
}
```

和

```
int main(int argc, char * argv[])
{//main 的函数体
    return status;
}
```

在 main 函数中,通过"return status;"终止整个程序,并将 status 返回调用进程。通常返回 0 表示程序正常结束(有些操作系统使用其他不同目的的状态值)。

3.1.2 函数的声明与调用

函数参数有形式参数(简称形参)和实际参数(简称实参)之分,定义函数时,函数首部的参数称为形式参数。由于函数是用来完成特定功能的,函数定义后,就可以对用户所定义的函数进行函数调用。函数调用是通过函数名,并提供实参的形式实现的。函数调用的一般形式如下:

函数名(实际参数表)

函数调用可以作为一条语句,这时函数调用可以没有返回值。函数调用也可以出现在表达式中,这时就必须有一个确定的返回值。

例 3-1   编程求 $1! + 2! + \cdots + n!$。

```
#include <iostream>
using namespace std;
int fac(int x)
{
    int f=1;
    for(int i=1;i<=x;i++)
        f=f * i;
    return f;
}
int main()
{
    int n,sum=0;
    cout<<"input an integer number:";
    cin>>n;
    for(int i=1;i<=n;i++)
        sum+=fac(i);        //函数调用
    cout<<"sum="<<sum<<endl;
    return 0;
}
```

程序运行结果：

```
input an integer number:5
sum=153
Press any key to continue
```

调用其他函数的函数称为主调函数,被其他函数调用的函数称为被调函数。若被调函数在主调函数之后定义,则在主调函数前应对被调函数进行函数声明。函数声明的一般形式如下:

函数类型 函数名(形式参数表);

函数声明的主要作用是把用户自定义的函数信息通知编译器,包括函数名、参数的个数、参数的类型等。这样在遇到函数调用时,编译系统可以正确识别函数并且检查相关调用的合法性。如果被调函数是标准库函数,应使用 include 命令将调用库函数的信息包含到本文件中来。

函数声明是对函数基本特征(包括函数类型、函数名、参数表)的描述,它与函数定义是有区别的。函数定义除了描述函数的基本特征外,核心内容是对函数功能的具体描述。函数声明只是描述函数原型,编译系统在对函数进行编译时,并不检查函数中的参数名,因此有时也将函数原型中的形参名省略,其形式如下:

函数类型 函数名(形参类型 1,形参类型 2,…);

但不提倡使用这种方法进行函数声明,因为形参名可以向编程者提示每个参数的含义。

在例 3-1 中,若函数 fac 是在 main 函数后面定义的,则在所有函数前加上:

```
int fac(int x);
```

这样,在任何主调函数中都可以调用 fac 函数。

3.1.3　函数的参数传递

函数的实参可以是常量、变量、表达式或函数。在函数未被调用时,函数的形参不占有实际的内存空间,也没有实际的值。只有在函数被调用时才为形参分配存储空间,并将实参的值传递给形参。函数的参数传递指的是形参与实参结合的过程,参数传递的方式有值传递和引用传递。

1. 值传递

值传递是指当将实参的值传递给形参时,进行函数调用,系统给形参分配存储空间,并接收实参的值,形参和实参占有不同的存储单元(即使形参和实参同名)。无论形参的值发生怎样的变化,实参的值不会跟着发生变化,这种传递是单向的。

例 3-2　交换两个整数的值。

```cpp
#include <iostream>
using namespace std;
void swap(int x, int y);
int main()
{
    int a=3,b=9;
    cout<<"a="<<a<<",b="<<b<<endl;
    swap(a,b);
    cout<<"a="<<a<<",b="<<b<<endl;
    return 0;
}
void swap(int x, int y)
{
    int temp;
    temp=x;
    x=y;
    y=temp;
    cout<<"x="<<x<<",y="<<y<<endl;
}
```

程序运行结果:

```
a=3, b=9
x=9, y=3
a=3, b=9
Press any key to continue
```

调用 swap 函数,进行的是值传递,变量在函数调用之前、调用时的参数传递、调用中和调用结束值的变化如图 3-1 所示。

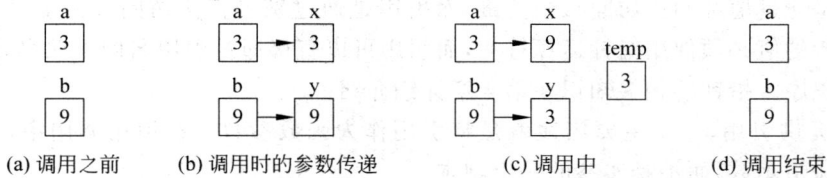

a	a x	a x	a

图 3-1　调用 swap 函数各变量值的变化情况

(a) 调用之前　　　(b) 调用时的参数传递　　　(c) 调用中　　　(d) 调用结束

2. 引用传递

引用通常被认为是某个变量的别名,声明一个引用的格式如下:

数据类型 & 引用名=已定义的变量名;

C++ 是通过引用运算符 & 来声明一个引用的,在声明时,必须进行初始化。例如:

```
int x;
int &ref=x;
```

表示分配了一个 int 单元,它拥有两个名字:x 和 ref。

```
x=5;
```

或

```
ref=5;
```

都将 5 存到该 int 单元。若变量 x 发生变化,引用 ref 也随之变化,反之亦然。

例 3-3　引用的使用。

```
#include <iostream>
using namespace std;
int main()
{
    int x;
    int &ref=x;
    x=5;
    cout<<"x="<<x<<",ref="<<ref<<endl;
    x=10;
    cout<<"x="<<x<<",ref="<<ref<<endl;
    ref=15;
    cout<<"x="<<x<<",ref="<<ref<<endl;
    return 0;
}
```

程序运行结果:

```
x=5, ref=5
x=10, ref=10
x=15, ref=15
Press any key to continue
```

指针是通过地址间接访问某个变量,而引用是通过别名直接访问某个变量。通过指针取得变量的值必须使用指针运算符 * ,而引用可以直接通过引用名即可取得,因此引用可以简化程序。指针的相关知识在第 4 章详细介绍。

C++ 提供引用,一个主要用途就是将引用作为函数参数。在引用调用中,引用参数将实参传递给函数,而不是实参的一个副本。

例 3-4 交换两个整数的值。

```cpp
#include <iostream>
using namespace std;
void swap(int &x, int &y);
int main()
{
    int a=3,b=9;
    cout<<"a="<<a<<",b="<<b<<endl;
    swap(a,b);
    cout<<"a="<<a<<",b="<<b<<endl;
    return 0;
}
void swap(int &x, int &y)
{
    int temp;
    temp=x;
    x=y;
    y=temp;
    cout<<"x="<<x<<",y="<<y<<endl;
}
```

程序运行结果:

```
a=3, b=9
x=9, y=3
a=9, b=3
Press any key to continue
```

调用 swap 函数,进行的是引用传递,在 swap 被调用后,swap 函数体中的 x 和 y 直接对应 main 函数中 a 和 b 的存储空间,如图 3-2 所示。函数 swap 并不是对 a 和 b 的副本进行操作,而是直接操作 a 和 b 本身。

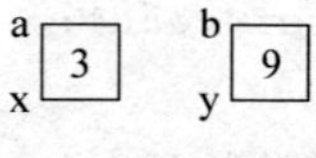

图 3-2　调用 swap 函数变量值的变化情况

函数除了可以返回整型、实型等基本数据类型外,还可以返回一个引用。

在 C++ 中,当调用的函数有返回值时,即执行语句"return expression;"。expression 首先被求值,并将该值复制到临时存储空间,以便函数调用者调用。假设调用如下函数:

```cpp
int fun1()
```

```
{
    ...
    return x;
}
```

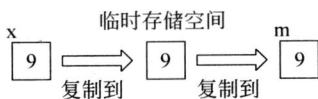

图 3-3　传值返回

当调用函数 fun1 时，系统首先将 x 的结果复制到临时存储空间，调用者获得的是 x 的一个副本。若在某主调函数中调用该函数（假设 x 的值为 9），如"m＝fun1()；"，则表达式 x 的值先复制到临时存储空间，然后再复制到 m，如图 3-3 所示。

这种调用称为传值返回。

C++ 中，除了传值返回外，函数返回值还有另一种形式，即函数返回值不再复制到临时存储空间，而是直接复制到主调函数的变量中，这种调用称为引用返回。引用返回的语法是在返回类型前加一个引用标记。如下函数：

```
int& fun2()
{
    ...
    return x;
}
```

若以如下方式调用：

```
m=fun2();
```

则 x 的值直接复制到 m 中，如图 3-4 所示。并且执行 return 语句后，调用者可以直接访问 x。

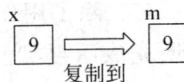

图 3-4　引用返回

将函数说明为引用返回的主要目的是为了将函数用在赋值号的左边，即当左值使用。

例 3-5　求 Fibonacci 数列的前 n 项。

```
#include <iostream>
using namespace std;
int a[20]={1,1};
int& fib(int i);
int main()
{
    int n;
    cin>>n;
    cout<<a[0]<<" "<<a[1]<<" ";
    for(int i=2;i<n;i++)
    {
        fib(i)=fib(i-2)+fib(i-1);
        cout<<fib(i)<<" ";
    }
```

```
        cout<<endl;
        return 0;
    }
    int& fib(int i)
    {
        return a[i];
    }
```

程序运行结果：

```
10
1  1  2  3  5  8  13  21  34  55
Press any key to continue
```

注意：在定义返回引用的函数时，不要返回对该函数内的自动变量（局部变量）的引用。例如，求两个数的最大值函数 max：

```
    int& max(int x,int y)
    {
        int z;
        z=x>y? x:y;
        return z;
    }
```

上面函数中包含了一个错误。由于 z 是局部变量，其作用域仅在函数 max 中，当 max 返回 z 时，z 已经不存在了，函数返回一个无效的引用。

说明：

（1）除了用作函数的参数或返回类型外，在声明引用时，必须对其进行初始化，不可声明完成后再赋值。例如：

```
    int x;
    int &ref;            //错误
    ref=x;
```

但是为引用提供的初始值，可以是一个变量或另一个引用。例如：

```
    int x;
    int &ref=x;
    int &ref1=ref;
```

这样声明后，变量 x 有两个别名：ref 和 ref1。

（2）一个引用不可同时作为不同变量的别名。例如：

```
    int x,y=5;
    int &ref=x;
    ref=y;           //表示将变量 y 的值赋给引用 ref,ref 不是变量 y 的引用
```

也就是说，一个引用，从它诞生之时起，就必须确定是哪个变量的别名，而且始终只能作为这一个变量的别名，不能另作他用。

（3）当使用地址运算符 & 取一个引用的地址时,其值为所引用的变量的地址。例如:

```
int x;
int &ref=x;
int * p=&ref;
```

则 p 中保存的是变量 x 的地址。

（4）尽管引用运算符和地址运算符相同,但它们的使用不同。引用运算符仅在声明引用时使用,以后引用就像普通变量一样使用,不能再带 &。其他场合使用的 & 都是地址运算符。例如:

```
int x=5, * p=&x;        //将变量 x 的地址赋给指针变量 p,& 为地址运算符
int &ref=x;             //声明引用,& 为引用运算符
ref=10;                 //使用引用,不带 &
p=&ref;                 //取引用 ref 的地址,& 为地址运算符
cout<<&x;               //输入变量 x 的地址,& 为地址运算符
```

（5）不是任何类型的数据都可以引用。例如:

```
int x,a[10];
int &ra=a;        //错误,不能建立数组的引用
void &ref=x;      //错误,不允许对 void 进行引用
int &&ref=x;      //错误,不能建立引用的引用
int& * p=x;       //错误,不能建立指向引用的指针
int &ref=int;     //错误,引用不能用类型初始化
int &ref=NULL;    //错误,没有空引用
```

（6）可以通过常引用实现对所传递参数的保护。

通过引用传递参数的原因有两个:一是在被调函数中可以改变实参的值,二是如果被传递的参数占用大量的存储空间,则使用引用传递更有效。在第二种情况下,如果不希望函数修改实参的内容,还可以将参数声明为常引用。

例 3-6 常引用作函数参数。

```
#include <iostream>
using namespace std;
void func(int x,int &y,const int &z) //常引用作形参,在函数中对应的实参不会被破坏
{
    x+=z;
    y+=z;
    cout<<"x="<<x<<",y="<<y<<",z="<<z<<endl;
}
int main()
{
    int a=10,b=20,c=30;
    cout<<"a="<<a<<",b="<<b<<",c="<<c<<endl;
    func(a,b,c);
```

```
        cout<<"a="<<a<<",b="<<b<<",c="<<c<<endl;
        return 0;
    }
```

程序运行结果：

```
a=10, b=20, c=30
x=40, y=50, z=30
a=10, b=50, c=30
Press any key to continue
```

3.2 函数的嵌套调用和递归调用

C++ 中，函数不能嵌套定义，但可以进行嵌套调用。函数嵌套就是函数调用函数，若在一个函数中，直接或间接调用了函数本身，则称为函数的递归调用。递归是函数嵌套的一个特例。

3.2.1 嵌套调用

函数嵌套允许在一个函数中调用另一个函数。比如有 3 个函数 fun1( )、fun2( )和 fun3( )，若有如下操作：

```
void fun1()
{
    fun2();
}
void fun2()
{
    fun3();
}
void fun3()
{
    cout<<"Hello"<<endl;
}
```

这就称为嵌套调用。它是一种语言提供的程序设计的方法，也就是语言的特性。

例 3-7 编程求解 $\sum\limits_{x=1}^{n} x^k$，其中 n 和 k 均是用户输入的整数。

```
#include <iostream>
using namespace std;
int sum(int, int);
int power(int, int);
int main()
{
    int n,k,result;
```

```
        cout<<"请输入 n 和 k 的值:";
        cin>>n>>k;
        result=sum(n,k);
        cout<<"最终结果是: "<<result<<endl;
        return 0;
}
int sum(int n, int k)
{
        int s=0,i;
        for(i=1;i<=n;i++)
            s+=power(i,k);
        return s;
}
int power(int x, int k)
{
        int i,t=1;
        for(i=1;i<=k;i++)
            t * =x;
        return t;
}
```

程序运行结果:

```
请输入n和k的值:5 2
最终结果是: 55
Press any key to continue
```

在上面的例子中,main 函数调用了 sum 函数,而 sum 函数又调用了 power 函数。图 3-5说明了例 3-6 函数的调用过程。

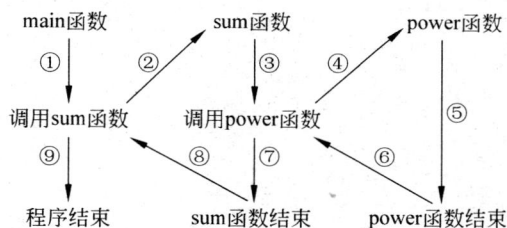

图 3-5　例 3-6 函数的调用过程

3.2.2　递归调用

在函数的嵌套调用中,如果调用的函数是函数本身,这样的调用称为递归调用。例如,计算 $n!$ 时,可以利用循环操作来实现。更简单的方法可以利用阶乘本身的定义,即 $n!=n\times(n-1)!$。要计算 $n!$,可以在 $(n-1)$ 的基础上乘 n 即可,而要求 $(n-1)!$,需要先求 $(n-2)!$,……,经过多次递推,最终将问题变成求 $1!$。由于 $1!=1$,因此可以通过初始值的赋值 $1!=1$,然后回溯,直至得到 $n!$ 的结果。因此,一个递归的问题可以分为"递推"和

"回溯"两个阶段。

一般地,递归函数的定义需要解决两点:①函数的结束条件;②函数的递归方式。函数的结束条件表示递归不能无限制运行下去,必须在有限步内执行结束。而函数的递归方式则表明规模较大的问题解与规模较小的问题解之间的关系,通过规模较小的问题解逐渐得到规模较大的问题解。

例 3-8 用递归方法计算 $n!$。

```cpp
#include <iostream>
using namespace std;
int fac(int n);
int main()
{
    int n,result;
    cout<<"请输入整数 n: ";
    cin>>n;
    if(n<1)
        cout<<"输入数据错误."<<endl;
    else
    {
        result=fac(n);
        cout<<n<<"!="<<result<<endl;
    }
    return 0;
}
int fac(int n)
{
    if (n==1)
        return 1;
    else
        return n * fac(n-1);
}
```

程序运行结果:

```
请输入整数n: 6
6!=720
Press any key to continue
```

有一类问题,虽然问题本身没有明显的递归结构,但使用递归求解比迭代求解更简单,如八皇后问题、Hanoi 问题等。

例 3-9 汉诺塔问题。假设有 3 个柱子 A、B 和 C,在 A 柱子上放有 n 个直径大小不同的圆盘,并且小盘在上,大盘在下,如图 3-6 所示,现要求将 A 柱子上的 n 个圆盘移到 C 柱子上,在移动的过程中,每次只允许移动一个圆盘,并且在每根柱子上都保持小盘在上,大盘在下。

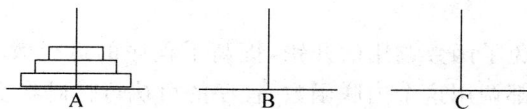

图 3-6 汉诺塔问题

```cpp
#include <iostream>
using namespace std;
void hanoi(int n, char a, char b, char c);
int main()
{
    int n;
    cout<<"请输入要移动的盘子数：";
    cin>>n;
    hanoi(n,'A','B','C');
    return 0;
}
void hanoi(int n,char a,char b,char c)
{
    if (n==1)
        cout<<a<<"---->"<<c<<endl;
    else{
        hanoi(n-1,a,c,b);
        cout<<a<<"---->"<<c<<endl;
        hanoi(n-1, b, a, c);
    }
}
```

程序运行结果：

```
请输入要移动的盘子数：3
A---->C
A---->B
C---->B
A---->C
B---->A
B---->C
A---->C
Press any key to continue
```

3.3 内联函数

　　由前面的讲解可以看出，使用函数有利于代码重用，可以增强程序的可读性，提高开发效率，并且便于修改维护。但是，在程序执行过程中调用函数时，系统要将主调函数的一些状态信息保存到栈中，同时转到被调函数的代码中去执行函数体语句，这些参数的保存与传递需要时间和空间的开销，使得程序执行效率低，特别是在函数被频繁调用时，这个问题会变得更为严重。因此，对于一些功能简单、规模较小又使用频繁的函数，可以设计为内联函数。

使用内联函数,避免了函数调用的开销,提高了程序的运行效率。但是,如果函数很大,或程序的很多地方都调用这个内联函数,程序的可执行代码将变得很大。

内联函数的定义与普通函数的定义方式几乎一样,只是需要关键字 inline,其语法形式如下:

inline 类型说明符 函数名(形参表)

{

    函数体

}

内联函数类似于宏扩展,它不是在函数调用时发生控制转移,而是在编译时将函数体内嵌在每一个调用处。关键字 inline 在函数声明中用来请求将函数以内联方式展开,但编译器有时因为各种原因会不能满足这种请求。与宏展开不同的是,内联函数的扩展是通过编译器完成的,而宏展开是通过预处理器实现的。宏展开只是进行简单的文本替换,不进行语义检查,而编译器扩展内联函数时,要进行语义检查,这也是内联函数比宏更受欢迎的一个原因。

例 3-10 将两个整数的交换函数定义为内联函数。

```
#include <iostream>
using namespace std;
inline void swap(int &x,int &y)
{
    int temp;
    temp=x; x=y; y=temp;
}
int main()
{
    int a=3,b=9;
    cout<<"a="<<a<<",b="<<b<<endl;
    swap(a,b);
    cout<<"a="<<a<<",b="<<b<<endl;
    return 0;
}
```

程序运行结果:

```
a=3,b=9
a=9,b=3
Press any key to continue
```

需要注意的是,关键字 inline 只是表示一个要求,编译器并不承诺用 inline 修饰的函数一定作为内联函数。在现代编译器中,没有 inline 修饰的函数也可能被编译为内联函数,如一些结构简单,语句较少,且重复使用的函数。而比较复杂的函数,即使定义为内联函数,有些编译器也会自动将其转换为普通函数来处理。还有,内联函数的函数体内不能有循环语句和 switch 语句,并且内联函数的定义必须出现在内联函数第一次被调用之前。如果不满足上面的条件,而将其定义成内联函数,在编译时不会出现语法错误,而是将其当成一般函数处理。

3.4　带默认形参值的函数

一般情况下,在函数调用时,实参个数应该与形参个数相同,并且类型一致或兼容,否则编译时会发生语句错误。但 C++ 中允许实参个数与形参个数不同。方法是在说明函数原型或定义函数时,为一个或多个形参指定默认值,调用时如给出实参,则采用实参值,否则采用预先给出的默认参数值。

例如:有函数声明:

```
fun(int x, int y=3, z=9);           //y 与 z 的默认值分别为 3 和 9
```

当进行函数调用时,编译器按从左到右的顺序将实参与形参结合,若为指定实参,则编译器按顺序用函数原型中的默认值来补足所默认的实参。例如下面的函数调用都是合法的。

```
fun(10,20,30);        // x=10,y=20,z=30
fun(10,20);           //x=10,y=20,z=9
fun(10);              //x=10,y=3,z=9
```

应用带默认值的函数,可以使函数调用更为灵活。但是下面的调用方式是错误的:

```
fun();
```

因为第一个参数没有默认值。

说明:

(1) 在函数原型中,所有取默认值的参数都必须出现在不取默认值的参数的右边。也就是说,一旦定义了取默认值的参数,就不可以说明非默认的参数。例如:

```
void fun(int x,int y=6,int z);
```

是错误的,因为在取默认值参数 y=6 后,不应再说明非默认值参数 z,若改成:

```
void fun(int x,int z,int y=6);
```

是正确的。

(2) 在函数调用时,若某个参数省略,则其后的参数皆采用默认值,不允许某个参数默认后,再给其后的参数指定参数值。例如,下面的调用是错误的:

```
fun(3, ,9);
```

3.5　函数重载

在传统的 C 语言中,函数名必须是唯一的。假设要编写求整数、浮点数和双精度数的平方数的函数。若用 C 语言处理,必须编写 3 个函数:

```
int Isquare(int i);              //求整数的平方
float Fsquare(float f);          //求单精度数的平方
double Dsquare(double d);        //求双精度数的平方
```

当用户使用这些函数求某个数的平方数时，必须调用合适的函数，虽然这 3 个函数的功能相同，但用户必须记住这些具有相同功能的函数名。

在 C++ 中，如果能够通过参数个数和类型进行区别，允许在同一范围内使用相同名字的函数。如果有多个名为 func 的函数被定义，就称 func 被重载（Overload）。编译器将通过实参类型与同名函数的参数表进行完全匹配，以决定应该调用哪个函数。

例 3-11 重载求平方数函数。

```
#include <iostream>
using namespace std;
int square(int i);              //求整数的平方
float square(float f);          //求单精度数的平方
double square(double d);        //求双精度数的平方
int main()
{
    int x=5;
    float y=3.5;
    double z=3.75;
    cout<<"int: x^2="<<square(x)<<endl;
    cout<<"float: y^2="<<square(y)<<endl;
    cout<<"double: z^2="<<square(z)<<endl;
    return 0;
}
int square(int i)
{
    return i * i;
}
float square(float f)
{
    return f * f;
}
double square(double d)
{
    return d * d;
}
```

程序运行结果：

```
int: x^2=25
float: y^2=12.25
double: z^2=14.0625
Press any key to continue
```

通过运行结果可以看出,如果传递的实参是 int 类型,将返回一个 int 类型的平方数。如果传递的实参是 float 类型,将返回一个 float 类型的平方数。如果传递的实参是 double 类型,将返回一个 double 类型的平方数。

重载函数通常用来对具有相似行为而数据类型不同的操作提供一个通用的名称。在例 3-11 中,从用户的角度来看,这只是一个简单的求某个数的平方的函数 square,却能对不同的数据类型进行 square。

说明:

(1) 函数重载要求函数参数的类型不同,或者参数个数不同,或者两者兼而有之。但返回类型不在参数匹配检查之列。例如:

```
int add(int x,int y);
float add(float x,float y);
```

是合法的函数重载,因为参数类型不同。

```
int add(int x,int y);
int add(int x,int y,int z);
```

是合法的函数重载,因为参数个数不同。

```
int add(int x,int y);
float add(int x,int y);
```

是非法的函数重载,虽然两个函数的返回类型不同,但是由于参数个数和类型完全相同,编译程序无法区分这两个函数。因为在确定调用哪个函数前,返回类型是不知道的。

(2) 函数的重载与带默认值的函数一起使用时,可能会引起二义性。例如:

```
void func(int x,int y=2,int z=3);
void func(int x);
```

C++ 虽然提供了重载,但是当调用 func(5)时,编译系统无法确定调用哪一个函数。

(3) 在函数调用时,形参和实参的类型应一致,否则可能会产生不可识别的错误。例如:

```
void func(int x);
void func(long x);
```

当用参数 3.5 调用函数 func 时,虽然在 C++ 中允许类型自动转换,但此时编译器不知将 3.5 转换成 int 型还是 long 型数据,就会产生不可识别的错误。

3.6 变量的作用域和生存期

在设计 C++ 的函数时,用户可以按照自己的需求定义所需要的变量。在不同位置定义的变量,其作用域是不同的。例如,有的变量是在函数内部定义的,当函数被调用时,对该变量分配存储空间,而当函数调用结束后,该变量所占的存储空间被编译系统收回,此时再引用该变量就会出现编译错误。因此，C++ 语言中的变量有着不同的作用域和生存周期。根据变量的作用域，可以将变量分为全局变量和局部变量；根据变量的生存周期，可以将变量分为静态存储方式与动态存储方式。

3.6.1　变量的作用域

全局变量和局部变量是根据变量的作用域分类的。变量的作用域指的是变量的空间有效性。如果一个变量是在函数（包括 main 主函数）内部定义的，则该变量是局部变量。如果变量是在函数外部定义的，则该变量为全局变量。全局变量与局部变量的主要区别如下。

（1）全局变量在程序开始时分配存储空间，在程序结束时释放；局部变量在函数被调用时分配存储空间，在函数调用结束时释放存储空间。

（2）局部变量只在定义该变量的函数内部有效，不能在函数外部引用该变量；全局变量在定义后，可以在程序的所有地方引用。

（3）对局部变量而言，只能在定义该变量的函数内部对其进行修改；全局变量在定义以后，程序的任何地方都可以修改。

例 3-12　求 100 以内所有的素数（局部变量的应用）。

```
#include <iostream>
#include <cmath>
#include <iomanip>
using namespace std;
int prime(int n);
int main()
{
    int count=0;                //count 为局部变量
    for(int i=2;i<100;i++)      //i 为局部变量,只在本函数内有效
        if(prime(i))
        {
            cout<<setw(5)<<i;
            count++;
            if(count%6==0)
                cout<<endl;
        }
    cout<<endl;
    return 0;
}
int prime(int n)               //n 为局部变量
{
    int flag=1;
    for(int i=2;i<=static_cast<int>(sqrt(n))&&flag;i++) //i 为局部变量,只
                                                        //在本函数有效
```

```
            if(n%i==0)
                flag=0;
        return flag;
    }
```

程序运行结果：

```
     2     3     5     7    11    13
    17    19    23    29    31    37
    41    43    47    53    59    61
    67    71    73    79    83    89
    97
Press any key to continue
```

例 3-13　在复合语句中定义局部变量。

```cpp
#include <iostream>
using namespace std;
#define N 5
int main()
{
    int x=3,y=5,temp;
    temp=x; x=y; y=temp;         //交换 x 和 y 的值,此时 temp 的值为 3
    cout<<"1: x="<<x<<",y="<<y<<",temp="<<temp<<endl;
    {
        int temp=6;              //复合句中局部变量的定义
        x=temp;                  //改变了 x 的值
        cout<<"2: x="<<x<<",y="<<y<<",temp="<<temp<<endl;
    }
    cout<<"3: x="<<x<<",y="<<y<<",temp="<<temp<<endl;
    return 0;
}
```

程序运行结果：

```
1: x=5,y=3,temp=3
2: x=6,y=3,temp=6
3: x=6,y=3,temp=3
Press any key to continue
```

由运行结果可以看出,变量 x、y 和一开始定义的变量 temp 在整个 main 函数中有效,而在复合句中定义的变量 temp 只在复合句中有效。

例 3-14　输入 10 个正整数,求这 10 个数的最大值和最小值(全局变量的应用)。

```cpp
#include <iostream>
using namespace std;
int max=10;                     //定义全局变量 max
int max_min(int n);
int main()
{
    int min;
    cout<<"输入 10 个不大于 32767 的整数: "<<endl;
```

```
        min=max_min(10);
        cout<<"max="<<max<<",min="<<min<<endl;
        return 0;
    }
    int max_min(int n)
    {
        int x,min=32767;
        for(int i=0;i<n;i++)
        {
            cin>>x;
            if(x>max)
                max=x;                 //此处修改了全局变量
            else if(x<min)
                min=x;
        }
        return min;
    }
```

程序运行结果：

```
输入10个不大于32767的整数:
12 89 3 56 34 58 90 7 1 99
max=99,min=1
Press any key to continue
```

关于变量的作用域说明以下 3 点。

（1）main 函数中定义的变量也只能在 main 函数中使用，不能在其他函数中使用。同时，main 函数中也不能使用其他函数中定义的变量。因为 main 函数也是一个函数，它与其他函数是平行关系。

（2）形参变量是属于被调函数的局部变量，实参变量是属于主调函数的局部变量。

（3）允许在不同的函数中使用相同的变量名，它们代表不同的对象，分配不同的单元，互不干扰，也不会发生混淆。例如例 3-15。

例 3-15 交换两个整数的值。

```
#include <iostream>
using namespace std;
void swap(int x,int y);
int main()
{
    int x,y;
    cin>>x>>y;
    cout<<"main:x="<<x<<",y="<<y<<endl;
    swap(x,y);
    cout<<"main:x="<<x<<",y="<<y<<endl;
    return 0;
}
void swap(int x,int y)
```

```
{
    int temp;
    temp=x; x=y; y=temp;
    cout<<"function:x="<<x<<",y="<<y<<endl;
}
```

程序运行结果：

```
4 5
main:x=4,y=5
function:x=5,y=4
main:x=4,y=5
Press any key to continue
```

虽然主调函数 main 和被调函数 swap 中都使用了变量 x 和 y，但这两个变量在不同的函数中占有不同的存储空间，在被调函数中修改了 x 和 y 的值，主调函数中 x 和 y 的值并没有改变。

（4）当全局变量与局部变量重名时，在函数中全局变量被屏蔽。这种情况下，以局部变量优先，全局变量不起作用。例如：

例 3-16　写出下列程序的运行结果。

```
#include <iostream>
using namespace std;
int n=5;                //全局变量
void test()
{
    int n=3;            //此时的 n 为局部变量，全局变量被屏蔽
    n=n+1;              //修改局部变量的值
    cout<<"local variable:n="<<n<<endl;
}
int main()
{
    n++;                //修改全局变量的值
    cout<<"global variable:n="<<n<<endl;
    test();
    cout<<"global variable:n="<<n<<endl;
    return 0;
}
```

程序运行结果：

```
global variable:n=6
local variable:n=4
global variable:n=6
Press any key to continue
```

3.6.2　变量的生存期

全局变量和局部变量是按照变量的作用域来划分的，即变量的空间有效性。根据变

量的时间有效性,即变量的生存期,变量可以分为静态生存期和动态生存期。

　　系统开机后,内存被分为两大块。一块是系统区,存放操作系统等内容;另一块是用户区,用来存放被执行的用户程序。一个 C++ 程序在运行时,用户区被分为三大块:第一块是程序区,用来存放 C++ 程序运行代码。第二块是静态存储区,用来存放变量,在这个区域中存储的变量称为静态变量,如全局变量。第三块是动态存储区,也用来存放变量以及进行函数调用时的现场信息和函数返回地址等,在这个区域存储的变量称为动态变量,如形参变量、函数体内部定义的局部变量。

　　在 C++ 中,每一个变量都有两个属性:数据类型和数据的存储类别。数据类型是前面讲过的整型、实型等。而存储类别主要指一个变量在内存中的存储区域,分为两大类:静态存储和动态存储。C++ 中有 4 种存储类别,分别是自动的(auto)、外部的(extern)、寄存器的(register)和静态的(static)。

1. 动态存储变量

　　动态存储变量是存储在动态存储区的,这种变量只在定义它们的时候才创建。函数被调用时,系统分配存储空间,函数调用结束后系统回收变量所占内存。对这些变量的创建和回收是由系统自动完成的,所以也称为自动变量,用关键字 auto 定义。

　　一般情况下,关键字 auto 可以省略,例如:

```
auto int a,b=4;
int a,b=4;
```

　　上面两行是等价的。形参变量也是自动变量。在前面的学习中,用到的变量大部分是自动变量。

　　一般情况下所有的变量是存放在内存中的,而计算机是一个多级缓存系统,程序在运行时,只有需要计算的变量才从内存中取到运算器。如果一个变量在某一段时间内重复使用的次数很多,如循环变量,那么这种从内存取数的过程将花费大量的时间。所以对这种重复使用的变量,C++ 语言允许它存放在寄存器中,以提高程序的运行效率。这种变量被称为寄存器变量,用关键字 register 定义。例如:

```
for(register int i=0;i<n;i++) k++;
```

　　因为计算机系统中寄存器的数目是非常有限的,决定在 C++ 程序中寄存器变量的数目有一定的限制,只有动态变量才能作为寄存器变量。并且不断优化的编译器通常比程序员更精明,会将使用重复率高的变量自动作为寄存器变量。所以对这种变量,只要了解一下就行。

2. 静态存储变量

　　凡是用关键字 static 定义的变量全部称为静态变量。静态变量全部存储在静态存储区,在程序的运行期间一直存在。

　　按静态变量定义位置的不同,又分为全局静态变量和局部静态变量。全局静态变量实际上就是全局变量,一个程序中的全局变量全部存储在静态存储区中。局部静态变量指的是在某个函数中用关键字 static 定义的变量,这种变量的作用范围只在定义它的函数中起作用,但是它存储在静态存储区中。根据前面的介绍可知,一个函数在返回时要将其所占有的内存交还系统。但如果这个函数中定义有静态变量,函数在返回时这个静态变量不会被释放,仍然保存它的值。如果再次调用这个函数时,用户就可以直接使用这个保存下来的值。

例 3-17 利用函数求 $n!$。

```cpp
#include <iostream>
using namespace std;
int fac(int m);
int main()
{
    int i,n,result;
    cout<<"请输入整数 n: ";
    cin>>n;
    for(i=1;i<=n;i++)
        cout<<i<<"!="<<fac(i)<<endl;
    return 0;
}
int fac(int m)
{
    static int f=1;
    f=f*m;
    return f;
}
```

程序运行结果:

```
请输入整数n: 5
1!=1
2!=2
3!=6
4!=24
5!=120
Press any key to continue
```

在 fac 函数的内部定义了一个静态变量,对这个函数调用了 n 次。虽然在函数内部有一条初始化语句"static int f=1;",但由于 f 是静态变量,所以只在对 fac 函数进行第一次调用时才对 f 进行初始化,其他次的调用就直接使用上一次调用 fac 函数时的 f 变量的值,而不再对 f 进行初始化了。

说明:

(1) 静态存储变量只进行一次初始化操作,在后续的调用过程中将不再进行静态变量的初始化工作。如果静态变量不进行初始化,其初始值为 0 或者为空字符,而自动变量如果不进行初始化,它的值是不确定的。

(2) 虽然局部的静态变量在函数返回后依然存在,但由于它是局部变量,所以其他函数仍然不能对它进行引用。

（3）static 声明的外部变量，其作用域只限于本文件。对全局变量的这种规定，使得多人分工合作来完成一个任务变得容易，不用担心自己的变量名与别人的变量重名。

3. 全局变量的类别

在程序中，全局变量的作用域是从定义它的位置开始，到整个程序结束。在此作用域内，全局变量可为各个函数所引用。编译时将外部变量分配在静态存储区。如果想在定义全局变量前的函数中引用这些变量，需要对全局变量进行声明，以扩展外部变量的作用域。外部变量的声明格式为

extern 数据类型 变量名；

外部变量的"声明"与外部变量的"定义"是不相同的，外部变量的定义只能有一次，它的位置是在所有函数之外，而同一个文件中的外部变量声明可以是多次的，它可以在函数之内（哪个函数要用就在该函数中声明），也可以在函数之外（在外部变量的定义点之前）。系统会根据外部变量的定义，而不是根据外部变量的声明分配存储空间。对于外部变量来讲，初始化只能是在定义中进行，而不是在声明中。声明是指假设定义了一个外部变量，若在定义该变量前使用它，则要通过 extern 进行声明，将其作用域进行扩充，使得在定义前也可使用该变量。extern 只作声明，不作任何定义。并且在声明外部变量时，还可以省略数据类型，即

extern 变量名；

例 3-18 用 extern 声明外部变量，扩展变量的作用域。

```
#include <iostream>
using namespace std;
int add(int x,int y);
extern int a,b;              //外部变量的声明
int main()
{
    cout<<a<<"和"<<b<<"的和是"<<add(a,b)<<endl;
    return 0;
}
int a=12, b=23;             //外部变量的定义
int add(int x, int y)
{
    return x+y;
}
```

程序运行结果：

```
12和23的和是35
Press any key to continue
```

一个 C++ 程序可能是由多个源文件组成的，根据全局变量是否能被其他源程序使用，又将全局变量分为外部的和内部的。在其他文件中若想要使用该文件中已声明的全

局变量,则在其他文件头部声明该变量后,即可使用该全局变量。

例 3-19 输入 x 和 n,计算 x^n。

文件 main.cpp

```cpp
#include <stdio.h>
using namespace std;
int x;                      //外部变量的定义
extern int pow(int m);      //对函数进行外部函数声明
int main()
{
    int y,n;
    cout<<"输入两个整数 x 和 n:";
    cin>>x>>n;
    y=pow(n);
    cout<<x<<"^"<<n<<"="<<y<<endl;
    return 0;
}
```

文件 power.cpp

```cpp
extern x;                   //对 x 进行外部声明
int pow(int n)
{
    int i,result=1;
    for(i=0;i<n;i++)
        result=result * x;
    return result;
}
```

程序运行结果:

```
输入两个整数x和n:
6 3
6^3=216
Press any key to continue
```

3.7 小结

模块化程序设计首先要进行模块分解,模块分解就是将一个复杂的问题,分解成几个功能相对独立的模块,再将各模块根据具体情况分解成更小模块。作为 C++ 语言程序设计的重要内容,函数是实现模块化程序设计的主要手段。本章主要介绍函数的定义和调用、递归函数、内联函数、带默认形参值的函数,以及函数重载等,使读者对函数有了进一步的了解。

C++ 中的函数都是独立的,每个函数完成一定的操作。C++ 规定,函数不能嵌套定义,但可以嵌套调用。递归函数是一种特殊的函数,对于递归函数的设计一定要有使递归结束的条件,否则会使程序陷入无限递归。

引用声明为对象提供了一个别名,它可以作为引用调用的参数,使得函数调用更加简单方便。

若程序员想直接使用代码替代函数调用时,可以通过关键字 inline,使定义的函数成为内联函数。很多情况下都可以使用内联函数代替 #define 宏。

重载是指多种含义的运算符或函数使用同一个名字,函数调用时选择哪一种含义,取决于运算符或函数使用的参数类型。

变量分为全局变量和局部变量。在模块化程序设计中,模块划分的原则是低耦合、高内聚。高内聚是对模块本身的要求,高内聚的模块功能应该单一,也就是一个函数只完成一个功能。低耦合是对模块之间关系的要求,希望模块间的联系越少越好。因此,程序设计中应尽量使用局部变量,少使用全局变量。

C++ 语言中,每个变量和函数都具有两种类型:数据类型和存储类型。在定义变量和函数时必须有数据类型,但存储类型可以根据具体情况进行定义。

习　　题

1. static 局部变量与普通变量有什么区别?

2. 编写函数 Gcd() 和 Lcm(),分别求两个正整数的最大公约数和最小公倍数。

3. 编写函数,判断给定的数是否是一个素数,若是返回 true,否则返回 false。

4. 一个队列中站了 10 个人,问第一个人几岁?他说,我比第二个人大 3 岁,第二个人说比第三个人大 3 岁,第三个人说比第四个人大 3 岁,……,第十个人说他 10 岁。编写递归函数,求第一个人的年龄。

5. 编写递归函数,反向输出给定的字符串。

6. 求 $\sum_{n=1}^{m} n!$,要求编写函数使用 static 变量求 $n!$。

7. 给定一组数,编写函数求该数组的最大值和最小值,要求函数的参数为引用类型。

8. 编写重载函数,求两个数的最大值。

第4章 数组与指针

通过前面章节的学习,可以解决很多问题了。但是对于大规模的数据,特别是相互间有一定联系的数据,或者大量相似而又有一定联系的对象,采用一般的变量表示,就比较麻烦。C++的数组类型为同类型对象的组织提供了一种有效形式。

数组采用一组连续的存储空间存储一组数据,它有一个统一的名字称为数组名。数组名是数组的首地址,而指针就是地址,通过指针可以方便地处理连续存放的大量数据,以较低的代价实现函数间的大量数据共享,灵活地实现动态内存分配。

字符数组可以用来表示字符串,在具体使用时存在一些不足。C++提供 string 类型来代替 C 语言的以"\0"结尾的 char 类型数组,有了 string 类型,程序员就不再需要关心存储的分配,也无须处理结束符,这些操作将由系统自动处理。

本章主要介绍数组类型、指针类型、动态内存分配以及字符串数据的存储与处理。

4.1 数组

数组是具有相同的数据类型且按一定次序排列的一组变量的集合体,构成一个数组的这些变量称为数组元素。每个数组元素用数组名与带方括号的下标表示,同一数组的各元素具有相同的类型。

4.1.1 数组的定义与引用

数组有一维数组和多维数组之分,它是一种构造类型。在使用之前首先要进行类型声明。声明数组时,需要说明 3 点:①数组中元素的类型;②确定数组的名字;③数组中元素的个数。数组类型声明的一般格式为

数据类型 数组名 [常量表达式 1] [常量表达式 2] …

数组中元素的类型是由"数据类型"给出,这个数据类型,可以是整型、实型或字符型等基本数据类型,也可以是结构体、类等构造类型。与变量名一样,数组名是用户定义的合法标识符。与变量不同的是,数组表示的不是一个元素,而是具有相同数据类型的一组元素。因而,数组名表示的存储地址是数组中第一个元素的地址,其他元素的地址可以通过数组名和元素的下标来获得。"常量表达式 1"、"常量表达式 2",……,表示数组的界,其结果必须是正整数。数组元素个数是各下标表达式的乘积。这里需要说明的是,数组中元素的下标是从 0 开始的,例如:

```
int array[10];
```

表示定义一个大小为 10 的一维整型数组,有 10 个数组元素:array[0]~array[9]。

```
float a[3][4];
```

表示定义一个 3 行 4 列的二维 float 型数组，有 12 个数组元素：a[0][0]、a[0][1]、a[0][2]、a[0][3]、a[1][0]、…、a[2][0]、a[2][1]、a[2][2]、a[2][3]。在 C++ 中，二维数组是按行优先序进行存放数据的。

```
char name[20],str[5][80];
```

表示定义一个可以存放 20 个字符的一维数组 name 和定义一个存放 5 个字符串的二维数组 str。

对数组进行声明后，可以通过数组名和元素的下标对数组中的元素进行引用，每个数组元素是通过不同的下标来区分的。对于一个已经声明的数组，其元素的使用形式如下：

数组名[下标表达式 1][下标表达式 2]…

例如，根据上面的定义，可以按如下形式引用数组元素：array[0]、a[2][3]、name[i]（i 的取值从 0~19）等。

数组中的每一个元素都相当于一个相应类型的变量，凡是允许使用该类型变量的地方，都可以使用数组元素。可以像使用一个普通变量一样使用数组元素。

说明：

（1）由于 C++ 中对数组不进行越界检查，用户在引用数组元素时一定要在取值范围内，否则得不到正确的结果。

（2）不能直接给数组赋值，要通过下标逐个引用数组中的元素。

例 4-1 输入 10 个整数存入一维数组中，将这组数进行就地逆置。

```
#include <iostream>
#include <iomanip>
using namespace std;
int main()
{
    int i,low,high,temp,a[10];
    cout<<"请输入 10 个整数："<<endl;
    for(i=0;i<10;i++)
        cin>>a[i];                //逐个元素进行引用
    low=0; high=9;                //记住数组的低下标和高下标
    while(low<high)               //就地逆置
    {
        temp=a[low];
        a[low]=a[high];
        a[high]=temp;
        low++;
        high--;
    }
    cout<<"输出逆置后的数组元素："<<endl;
```

```
    for(i=0;i<10;i++)
        cout<<setw(5)<<a[i];
    cout<<endl;
    return 0;
}
```

程序运行结果：

```
请输入10个整数：
12 23 88 90 45 86 3 100 97 122
输出逆置后的数组元素：
  122   97  100    3   86   45   90   88   23   12
Press any key to continue
```

（3）可以借助 C++ 中的宏对数组加以定义。

例 4-2　输入一组整数存入一维数组中，将这组数按从高到低的顺序进行排序。

```
#include <iostream>
#include <iomanip>
#define N 10
using namespace std;
int main()
{
    int i,j,flag,temp,a[N];
    cout<<"请输入"<<N<<"个整数："<<endl;
    for(i=0;i<N;i++)
        cin>>a[i];
    //对数组进行冒泡排序
    flag=1;
    for(i=0;i<N-1 && flag;i++)
    {
        flag=0;                    //设置标志位，若有元素交换，修改其值
        for(j=0;j<N-i-1;j++)
            if(a[j]>a[j+1])
            {
                temp=a[j];
                a[j]=a[j+1];
                a[j+1]=temp;
                flag=1;            //有元素交换
            }
    }
    cout<<"输出排序后的数组元素："<<endl;
    for(i=0;i<N;i++)
        cout<<setw(5)<<a[i];
    cout<<endl;
    return 0;
}
```

程序运行结果：

```
请输入10个整数：
23 8 98 12 4 86 34 9 10 33
输出排序后的数组元素：
    4    8    9   10   12   23   33   34   86   98
Press any key to continue
```

（4）对于二维数组，在计算机内存中也是占有一片连续的存储空间，在 C++ 中是按行优先序进行存放的。

例 4-3 将二维数组中的所有元素的值赋给一维数组。

```cpp
#include <iostream>
#include <iomanip>
using namespace std;
int main()
{
    int i,j,k,a[3][4],b[12];
    k=1;
    for(i=0;i<3;i++)
        for(j=0;j<4;j++)
            a[i][j]=k++;
    k=0;
    for(i=0;i<3;i++)
        for(j=0;j<4;j++)
            b[k++]=a[i][j];
    cout<<"输出二维数组中的元素："<<endl;
    for(i=0;i<3;i++)
    {
        for(j=0;j<4;j++)
            cout<<setw(5)<<a[i][j];
        cout<<endl;
    }
    cout<<"输出一维数组中的元素："<<endl;
    for(i=0;i<12;i++)
        cout<<setw(5)<<b[i];
    cout<<endl;
    return 0;
}
```

程序运行结果：

```
输出二维数组中的元素：
    1    2    3    4
    5    6    7    8
    9   10   11   12
输出一维数组中的元素：
    1    2    3    4    5    6    7    8    9   10   11   12
Press any key to continue
```

4.1.2　数组的初始化

在定义数组的同时为数组元素提供初始值,称为数组的初始化。在实际应用中,三维及三维以上的数组使用较少,这里主要介绍一维数组和二维数组的初始化。

1. 一维数组

一维数组的初始化主要有以下两种方式。

(1) 对数组的全部元素进行初始化。例如:

```
int a[10]={1,2,3,4,5,6,7,8,9,10};
```

(2) 对数组中的部分元素进行初始化。此时将根据提供的值的个数为数组中前面的元素进行初始化,对于数组中的其他元素赋一个默认值(若是数值型数据,默认值为 0;若是字符型数据,默认值为'\0')。例如:

```
int a[10]={1,2,3,4,5};
```

等价于

```
int a[10]={1,2,3,4,5,0,0,0,0,0};
```

例 4-4　求 Fibonacci 数列的前 20 项。

```
#include <iostream>
#include <iomanip>
#define N 20
using namespace std;
int main()
{
    int i,f[20]={1,1};              //初始化 Fibonacci 数列的前两项
    for(i=2;i<N;i++)                //求 Fibonacci 数列的其他项
        f[i]=f[i-2]+f[i-1];
    for(i=0;i<N;i++)
    {
        cout<<setw(12)<<f[i];
        if((i+1)%5==0)              //每行输出 5 个元素
            cout<<endl;
    }
    return 0;
}
```

程序运行结果:

```
           1           1           2           3           5
           8          13          21          34          55
          89         144         233         377         610
         987        1597        2584        4181        6765
Press any key to continue
```

说明：

(1) 如果对数组中所有元素赋初值时,可以不指定数组的长度,此时初值的个数即为数组的长度,例如：

```
int a[]={1,2,3,4,5};
```

等价于

```
int a[5]={1,2,3,4,5};
```

(2) 如果既指定了数组的长度,同时对数组元素进行初始化,则初始值的个数必须小于数组的长度,否则编译时会报错。例如：

```
int a[5]={0,1,2,3,4,5};      //超出了数组定义的长度
```

(3) 如果要对一个数组中的全部元素赋值为 0,可以按如下方式赋初值：

```
int a[10]={0};
```

这种赋值方式等价于：

```
int a[10]={0,0,0,0,0,0,0,0,0,0};
```

(4) 数组不能进行整体赋值,如果要把一个数组的值赋给另一个数组时,需要逐个元素进行赋值。例如,定义如下两个数组：

```
int a[10]={1,2,3,4,5,6,7,8,9,10};
int b[10];
```

进行赋值时,不能利用如下的语句进行：

```
b=a;
```

而应按照如下的语句进行：

```
for(int i=0;i<10;i++)
    b[i]=a[i];
```

2. 二维数组

对于二维数组,可以分行初始化,也可以按数组元素的排列顺序初始化。

(1) 按行对二维数组进行初始化。

例如：

```
int a[3][4]={{1,2,3,4},{5,6,7,8},{9,10,11,12}};
```

表示把第 1 个大括号中的数据赋给二维数组中的第 1 行元素,把第 2 个大括号中的数据赋给二维数组中的第 2 行元素,把第 3 个大括号中的数据赋给二维数组中的第 3 行元素。

(2) 按照元素的存储顺序对二维数组进行初始化。

例如：

```
int a[3][4]={1,2,3,4,5,6,7,8,9,10,11,12};
```

表示按数组元素在内存中的排列顺序(行优先序),将大括号内的数据依次赋给二维数组的各元素,结果与上面的分行初始化的结果相同。

(3) 可以对部分元素进行初始化,其他元素被赋默认值。

例如:

```
int a[3][4]={{1,2,3},{4,5},{6}};
```

表示 a[0][0]到 a[0][3]的值分别是 1、2、3;a[1][0]到 a[1][3]的值分别是 4、5、0;
a[2][0]到 a[2][3]的值分别是 6、0、0。

```
int a[3][4]={1,2,3,4,5,6};
```

表示 a[0][0]到 a[0][3]的值分别是 1、2、3、0;a[1][0]到 a[1][3]的值分别是 4、5、6、0;
a[2][0]到 a[2][3]的值分别是 0、0、0、0。

说明:

当按照数组元素的存储位置对数组的全部元素进行初始化时,定义数组时第 1 维的长度可以省略,但第 2 维的长度不能省略。

例如:

```
int a[][3]={1,2,3,4,5,6,7,8,9,10,11,12};
```

初始化的数组 a 为

$$
\begin{matrix}
1 & 2 & 3 \\
4 & 5 & 6 \\
7 & 8 & 9 \\
10 & 11 & 12
\end{matrix}
$$

或者当分行初始化时,也可以省略第 1 维的长度。无论是全部元素初始化,还是部分元素初始化。例如:

```
int a[][3]={{1},{0,2},{3,4,5}};
```

初始化后的数组 a 为

$$
\begin{matrix}
1 & 0 & 0 \\
0 & 2 & 0 \\
3 & 4 & 5
\end{matrix}
$$

例 4-5　将二维数组中每一行元素的最大值存入一维数组中。

```cpp
#include <iostream>
#define M 3
#define N 4
using namespace std;
int main()
{
```

```
    int i,j,max;
    int a[][N]={{5,19,1},{15,6,11},{66,18,32}},b[M];
    for(i=0;i<M;i++)
    {
        max=a[i][0];
        for(j=1;j<N;j++)
            if(max<a[i][j])
                max=a[i][j];
        b[i]=max;
    }
    cout<<"每一行的最大值为: "<<endl;
    for(i=0;i<M;i++)
        cout<<b[i]<<" ";
    cout<<endl;
    return 0;
}
```

程序运行结果:

```
每一行的最大值为:
19    15    66
Press any key to continue
```

例 4-6 按三角形的形状打印杨辉三角形的前 10 行。

```
#include <iostream>
#include <iomanip>
#define N 10
using namespace std;
int main()
{
    int i,j,a[N][N]={0};
    for(i=0;i<N;i++)
        a[i][0]=a[i][i]=1;                //将二维数组中每一行的第 1 列和对角线上的
                                          //元素的值赋 1
    for(i=1;i<N;i++)
        for(j=1;j<i;j++)
            a[i][j]=a[i-1][j-1]+a[i-1][j];
    for(i=0;i<N;i++)
    {
        for(j=0;j<2*(N-i)-1;j++)          //输入每一行前面的空格
            cout<<' ';
        for(j=0;j<=i;j++)
            cout<<setw(5)<<a[i][j];
        cout<<endl;
    }
    return 0;
```

```
}
```

程序运行结果：

```
                          1
                      1       1
                  1       2       1
              1       3       3       1
          1       4       6       4       1
      1       5      10      10       5       1
  1       6      15      20      15       6       1
1       7      21      35      35      21       7       1
1       8      28      56      70      56      28       8       1
1       9      36      84     126     126      84      36       9       1
Press any key to continue
```

4.1.3　数组作为函数参数

数组元素和数组名都可以作为函数的参数以实现函数间数据的传递和共享。

数组元素单个使用时，其作用就像单个变量一样。如果以数组元素作为函数的实参，函数的形参应该是与数组元素同类型的变量或数组元素。但函数之间需要共享大批数据时，如果用参数的方式——列举，不但形式上冗长，效率也会很低。因为传递每一个参数都需要一定的时间和空间开销，并且进行的传递是值传递，在函数中修改了形参的值，实参的值并没有发生变化。

例 4-7　数组元素作为函数参数。

```cpp
#include <iostream>
using namespace std;
void swap(int x,int y);
int main()
{
    int a[2]={3,5};
    cout<<"executing function before: "<<endl;
    cout<<a[0]<<" "<<a[1]<<endl;
    swap(a[0],a[1]);
    cout<<"executing function after: "<<endl;
    cout<<a[0]<<" "<<a[1]<<endl;
    return 0;
}
vcid swap(int x,int y)
{
    int temp;
    temp=x; x=y; y=temp;
}
```

程序运行结果：

```
executing function before:
3  5
executing function after:
3  5
Press any key to continue
```

　　由运行结果可以看出,用数组元素作为函数参数,函数调用时,虽然在被调函数中改变了形参的值,由于实现的是值传递,在主调函数中数组元素的值并没有改变。

　　使用数组名传递数据时,传递的是地址。当进行参数传递时,将实参(数组的首地址)的值传递给形参,形参数组和实参数组的首地址相同,形参数组中的数组元素与实参数组的数组元素使用相同的存储地址。如果在被调函数中对形参数组元素值进行改变,主调函数中实参数组的相应元素值也会改变。由于在参数的传递过程中,传递的是地址,因此即可共享数据,又节省了存储空间,还提高了程序的运行效率。

　　例 4-8　数组名作为函数参数。

```cpp
#include <iostream>
using namespace std;
void swap(int x[]);
int main()
{
    int a[2]={3,5};
    cout<<"executing function before: "<<endl;
    cout<<a[0]<<" "<<a[1]<<endl;
    swap(a);
    cout<<"executing function after: "<<endl;
    cout<<a[0]<<" "<<a[1]<<endl;
    return 0;
}
void swap(int x[])
{
    int temp;
    temp=x[0]; x[0]=x[1]; x[1]=temp;
}
```

程序运行结果:

```
executing function before:
3  5
executing function after:
5  3
Press any key to continue
```

　　由运行结果可以看出,使用数组名作为函数参数,函数调用时,在被调函数中改变了数组元素的值,由于实现的是地址传递,主调函数中数组元素的值也跟着改变。所以,在处理大量的数据时,为节省存储空间和提高程序效率,通常采用数组名作为函数参数。

　　例 4-9　用筛选法求 100 以内的所有素数。

```cpp
#include <iostream>
#include <iomanip>
#include <cmath>
#define N 100
using namespace std;
void sifting(int a[],int n);
```

```
void output(int a[],int n);
int main()
{
    int i,a[N+1];
    for(i=1;i<=N;i++)                //数组赋初值
        a[i]=i;
    a[1]=0;                          //去掉第 1 个非素数
    sifting(a,N);                    //筛选掉所有的非素数
    output(a,N);                     //输出所有的素数
    return 0;
}
void sifting(int a[],int n)
{
    int i,j;
    for(i=2;i<=static_cast<int>(sqrt(n));i++)
        if(a[i])
        {
            for(j=i+1;j<=n;j++)
                if(a[j])
                    if(a[j]%a[i]==0)
                        a[j]=0;
        }
}
void output(int a[],int n)
{
    int i,count=0;
    for(i=1;i<=n;i++)
        if(a[i])
        {
            cout<<setw(6)<<a[i];
            count++;
            if(count%10==0)
                cout<<endl;
        }
        cout<<endl;
}
```

程序运行结果：

```
     2     3     5     7    11    13    17    19    23    29
    31    37    41    43    47    53    59    61    67    71
    73    79    83    89    97
Press any key to continue
```

有时为了保证实参在被调函数中不被改动,定义函数时,可以将函数参数用 const 说明。例如,通过函数 array_Max 求给定数组中所有元素的最大值,函数原型应该为

```
int array_Max(const int a[],int n);
```

在函数中对数组元素的操作只允许读,不允许修改。这样既实现了地址传递,又确保原数组的数据不被破坏。调用函数的格式为

```
max=array_Max(a,n);
```

4.2 指针

指针是 C++ 从 C 中继承过来的重要数据类型。正确灵活地运用指针,可以有效地表示和使用复杂的数据结构,并可动态分配存储空间,更好地利用内存资源,使程序简洁、紧凑,提高运行效率。通过指针,还可更灵活地处理字符串和数组。

4.2.1 指针与地址

计算机的内存储器被划分成一个个存储单元。存储单元按一定的规则编号,这个编号就是存储单元的地址。地址编码的基本单位是字节(byte),每个字节由 8 位二进制位(bit)组成,因此,一个基本内存单元就是一个字节。

C++ 中,所有的变量必须先定义后使用,每当用户定义一个变量,计算机就会在内存中为该变量分配一个大小为 sizeof(变量的数据类型)的存储空间,在程序中使用变量名引用这块内存。除了通过变量名存取存储单元中的数据外,C++ 中还有专门用来存放内存单元地址的变量类型,这就是指针类型。通过变量访问变量的值称为直接访问,而通过指向变量的指针访问变量的值称为间接访问。

C++ 提供了两个与地址相关的运算符:指针运算符(*)和取地址运算符(&),通过这两个运算符,可以方便地对内存进行操作,只是要注意(*)和(&)出现的地方不同,表示不同的意义。

例 4-10 指针运算符(*)和取地址运算符(&)的应用。

```
#include <iostream>
using namespace std;
int main()
{
    int x=5;
    cout<<"变量 x 的值为: "<<x<<endl;
    cout<<"变量 x 在内存中的地址为: "<<&x<<endl;       //取变量 x 的地址
    cout<<"该地址所存储的变量 x 的值为: "<< * (&x)<<endl;    //取变量 x 的值
    return 0;
}
```

程序运行结果:

```
变量x的值为: 5
变量x在内存中的地址为: 0018FF44
该地址所存储的变量x的值为: 5
Press any key to continue
```

4.2.2　指向变量的指针

在 C++ 中,指针可表示地址。因此,变量的地址即称变量的指针,可以存储地址的变量称为指针变量。有如下定义:

```
int a=5,* p;
p=&a;
```

假设变量 a 的地址为 f100,指针变量 p 的地址为 1000,若将变量 a 的首地址赋给指针变量 p,两个变量之间的关系如图 4-1 所示,指针变量 p 的值是变量 a 的第一个字节的地址。

指向变量的指针变量声明格式为

类型名　* 指针变量名 [=初始值];

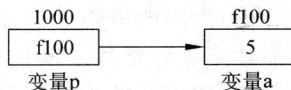

图 4-1　变量与指针的存储关系

例如,定义一个指向 int 类型变量的指针变量:

```
int * pointer;
```

说明:

(1) 在定义指针变量时必须指定基类型。因为仅仅知道变量 pointer 是一个指针是不够的,重要的是编译器必须知道它所指向的变量的类型。没有这个信息,就无法处理它所指内存的内容。char 类型值的指针指向占有一个字节的值,short 类型值的指针指向占有两个字节的值,而 float 类型值的指针指向占有 4 个字节的值。因此,每个指针都和某个变量类型相关联。也就是说,指针的值只能赋给相同类型的指针。

(2) 指针变量 pointer 的值是一个随机地址,在声明指针变量时可以对指针变量进行初始化。

例如,在声明指针变量时对变量进行初始化:

```
int x=5;
int * pointer=&x;
```

声明一个指针变量 pointer,并初始化其值为变量 x 的首地址。

注意:x 的声明必须在 pointer 的声明之前,否则代码就不能编译。

或

```
int * pointer=NULL;
```

声明一个指针变量 pointer,并初始化其值为空(NULL)。NULL 是在标准库中定义的一个常量,是一个不指向任何内存位置的值,对于指针它表示 0。

也可以在声明指针变量后,用赋值的方式对其进行赋初值,例如:

```
int x=5,* pointer;
pointer=&x;
```

首先声明一个指向整型数据的指针变量 pointer，然后将变量 x 的首地址赋给 pointer。

（3）指针变量中只能存放地址。不要试图将一个整数赋给一个指针变量。

例如：

```
int * pointer=100;            //错误,不能将一个整数赋给一个指针变量
```

（4）指针是一种数据类型，与其他数据类型一样，指针变量也可以参与一些运算。如算术运算、关系运算和赋值运算等。

指针的赋值运算必须是同类型之间的赋值运算。指针的算术运算是和数组的使用相联系的，在后面再进行介绍。指针的关系运算也必须是同类型指针之间的运算，如果两个指针相等，表示两个指针指向同一个地址，指针变量可以和整数 0 进行比较，不同类型之间的指针或非 0 整数之间的关系运算是毫无意义的。指针可以唯一进行的逻辑运算是"逻辑非"，空指针的逻辑非是 1，非空指针的逻辑非是 0。

（5）可以声明指针类型的常量，这时指针本身的值不能被改变。

例如：

```
int a=3,b=5;
int * const pointer=&a;
pointer=&b;                  //错误,pointer 是指针常量,值不能改变
```

（6）注意区分运算符 * 和 &，在不同位置表示的意义不同。

例如：

```
int x=5,y=9, * p;            // * 表示声明变量 p 是一个指针变量
int &ref=x;                  //& 表示声明变量 x 的一个引用
p=&x;                        //& 是取地址运算符,表示取对象 x 的地址
cout<< * p<<endl;            // * 是指针运算符,表示访问指针变量所指对象的内容
cout<<x * y<<endl;           // * 是乘法运算符,表示计算 x 和 y 的乘积
```

例 4-11 通过指针变量访问变量的值。

```
#include <iostream>
using namespace std;
int main()
{
    int x, * pointer=NULL;
    cout<<"输入一个整数: ";
    cin>>x;
    cout<<"整型变量 x 的值为: "<<x<<endl;            //十进制形式输出变量 x 的值
    cout<<hex<<"x 的地址为: "<<&x<<endl;              //十六进制形式输出地址
    pointer=&x;
    cout<<"指针变量 pointer 所指存储单元的值为: "<<dec<< * pointer<<endl;
    cout<<"指针变量 pointer 的值为: "<<hex<<pointer<<endl;
    cout<<"指针变量 pointer 的地址为: "<<&pointer<<endl;
    cout<<"指针变量 pointer 所占的字节数为: "<<dec<<sizeof(pointer)<<endl;
```

```
    return 0;
}
```

程序运行结果：

```
输入一个整数：45
整型变量x的值为：45
x的地址为：0018FF44
指针变量pointer所指存储单元的值为：45
指针变量pointer的值为：0018FF44
指针变量pointer的地址为：0018FF40
指针变量pointer所占的字节数为：4
Press any key to continue
```

4.2.3 指针作为函数参数

函数的参数不仅可以是整型、实型和字符型等基本数据类型或引用，而且可以是指针类型。它的作用是将一个变量的地址传送到另一个函数中。在第 3 章中曾经介绍过参数的传递有两种方式：值传递和引用传递。由于函数的单向传递性，值传递不会影响主调函数中实参的值，若要改变实参的值，除了可以使用引用传递外，还可以通过地址传递来实现。

例 4-12 输入两个整数，调用交换函数实现两数的交换。

```cpp
#include <iostream>
using namespace std;
void swap(int * pt1,int * pt2);
int main()
{
    int a,b, * pa, * pb;
    cout<<"输入两个整数：";
    cin>>a>>b;
    pa=&a; pb=&b;
    cout<<"交换前：a="<<a<<",b="<<b<<end;
    swap(pa,pb);
    cout<<"执行 swap 后：a="<<a<<",b="<<b<<end;
    return 0;
}
void swap(int * pt1,int * pt2)
{
    int temp;
    temp= * pt1;
    * pt1= * pt2;
    * pt2=temp;
}
```

程序运行结果：

```
输入两个整数:3 56
交换前：a=3,b=56
执行swap后：a=56,b=3
Press any key to continue
```

由程序的运行结果可以看到,调用 swap 函数,执行的是地址传递,变量在函数调用之前、调用时的参数传递、调用中和调用后值的变化如图 4-2 所示。

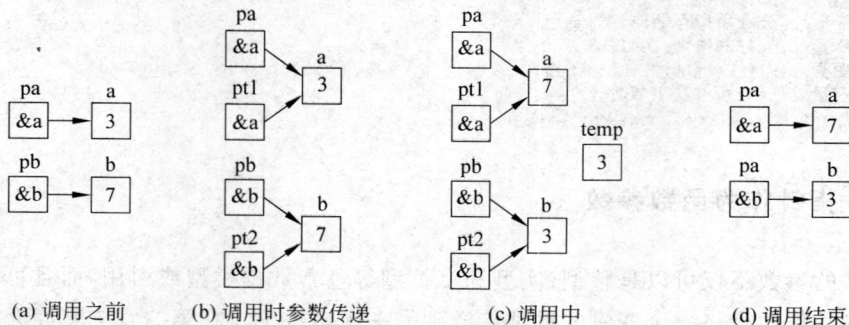

图 4-2   调用 swap 函数各变量值的变化情况

调用 swap 函数时,将 pa 和 pb 的值,即 a 和 b 的地址传递给变量 pt1 和 pt2,在函数的执行过程中,pt1 和 pt2 所指向存储单元的值进行了交换,即 a 和 b 的值进行了交换。函数调用结束后,虽然系统释放 swap 函数中变量的存储空间,但在函数调用过程中 a 和 b 的值已经进行了交换。因此在主调函数中 a 和 b 的值发生了变化。

4.2.4   指向数组的指针

不同类型的变量在内存中都有一个具体的地址,数组也一样,并且数组中的元素在内存中是连续存放的,数组名代表数组的首地址。而指针就是地址,因此,既然指针可以指向普通变量,当然也可以指向数组或数组元素,指向数组的指针称为数组指针。

在访问内存时,指针和数组几乎是一样的,但是它们之间存在着重要的区别。指针是一个以地址为值的变量,而数组名是一个特殊的固定地址,可以将其看作一个常量指针。声明数组时,编译器必须给它分配一个起始地址,也就是数组的第 1 个元素的地址。通过数组名和下标可以访问数组元素,通过指向数组的指针变量也可以访问数组元素。

例 4-13   访问数组中的元素。

```cpp
#include <iostream>
#include <iomanip>
using namespace std;
int main()
{
    int i,a[10]={1,2,3,4,5,6,7,8,9,10}, * p;
    for(i=0;i<10;i++)                        //通过数组名和下标输出数组元素的值
        cout<<setw(5)<<a[i];
    cout<<endl;
```

```
    for(i=0;i<10;i++)                //通过数组名加偏移量输出数组元素的值
        cout<<setw(5)<< * (a+i);
    cout<<endl;
    for(p=a;p<a+10;p++)              //通过指针变量输出数组元素的值
        cout<<setw(5)<< * p;
    cout<<endl;
    p=a;
    for(i=0;i<10;i++)                //通过指针变量加偏移量输出数组元素的值
        cout<<setw(5)<< * (p+i);
    cout<<endl;
    for(i=0;i<10;i++)                //通过指针变量和下标输出数组元素的值
        cout<<setw(5)<<p[i];
    cout<<endl;
    return 0;
}
```

程序运行结果：

```
    1    2    3    4    5    6    7    8    9   10
    1    2    3    4    5    6    7    8    9   10
    1    2    3    4    5    6    7    8    9   10
    1    2    3    4    5    6    7    8    9   10
    1    2    3    4    5    6    7    8    9   10
Press any key to continue
```

由运行结果可以看出，上述5种输出数组元素值的方法的运行结果都是一样的。就像表达式 $*(a+i)$ 等价于 $a[i]$ 一样，表达式 $*(p+i)$ 也等价于 $p[i]$。可以认为数组和指针在很多地方都是相同的，但是它们有本质的不同：数组名 a 是一个常量指针，不能改变其值。下面这些表达式是非法的：

```
a=p;           ++a;            a+=2;
```

前面介绍过，指针变量除了可以进行赋值运算外，还可以进行算术运算和关系运算。当指针变量指向数组元素时，对指针变量进行算术运算和关系运算才有实际意义。

例如，设有程序段：

```
int a[10]={1,2,3,4,5,6,7,8,9,10};
int * p, * q;
p=a+3;         //p 指向数组 a 中第 4 个元素 a[3]的首地址
q=a+9;         //q 指向数组 a 中最后一个元素 a[9]的首地址
```

对于指向数组 a 的指针变量 p 和 q 可以进行加减运算（＋、－）和自加自减（＋＋、－－）运算。

p＋1 表示指向同一数组中的下一个元素，即第 5 个元素的首地址。p－1 表示指向同一数组中的上一个元素，即第 3 个元素的首地址。特别要注意的是，p＋1（或 p－1）并不是将 p 的值（地址）简单地加（或减）1，而是加上（或减去）一个数组元素所占的字节数。假设数组 a 的首地址是 2000，则 p(p＝p＋3;)的值是 2012，那么 p＋1 的值 2016。

q－p 表示两个地址之差除以数组元素所占的字节数。若数组 a 的首地址是 2000，则

p 的值就是 2012,q 的值是 2036,q－p 的结果是(2036－2012)/4＝6,表示 q 所指元素与 p 所指元素之间相差 6 个元素。

当指针变量指向数组元素时,经常对其进行自加或自减运算,下面以自加(＋＋)运算说明其使用方法。

(1) p++和++p:表示 p 的值加 1,运行后 p 指向数组元素 a[4]的首地址。

(2) ＊p++和＊(p++):表示取出 p 所指数组元素 a[3]的值 4,然后 p 指向数组元素 a[4]的首地址。由于运算符 ＊ 和 ＋＋ 优先级相同,结合方向是从右到左,所以＊(p++)与＊p++功能相同。

(3) (＊p)++:＊p 表示 p 所指变量的值,即 a[3]的值为 4,(＊p)++也是 a[3]++,所以操作后 a[3]的值变成 5,指针变量 p 仍然指向数组元素 a[3]的首地址。

(4) ＊(++p)和＊++p:表示 p 指向下一个数组元素的首地址,即 a[4]的首地址,然后取其值 5。＊(++p)和＊++p 的功能相同。

例 4-14 通过指针变量将数组中的元素进行就地逆置。

```cpp
#include <iostream>
using namespace std;
int main()
{
    int a[10]={1,2,3,4,5,6,7,8,9,10},*pt1,*pt2,temp;
    cout<<"Reverse before:"<<endl;
    for(pt1=a;pt1<a+10;pt1++)
        cout<<*pt1<<" ";
    cout<<endl;
    pt1=a;        pt2=a+9;
    while(pt1<pt2)                          //指针变量进行关系运算
    {
        temp=*pt1;
        *pt1=*pt2;          *pt2=temp;
        pt1++;        pt2--;               //指针变量进行自加和自减运算
    }
    cout<<"Reverse after:"<<endl;
    pt1=a;        pt2=a+10;
    while(pt1<pt2)
        cout<<*pt1++<<" ";
    cout<<endl;
    return 0;
}
```

程序运行结果:

```
Reverse before:
1 2 3 4 5 6 7 8 9 10
Reverse after:
10 9 8 7 6 5 4 3 2 1
Press any key to continue
```

指针变量可以指向一维数组中的元素,也可以指向多维数组中的元素,但在概念和使用上,二维数组的指针比一维数组的指针要复杂得多。

前面已经叙述,数组在内存中占用连续的存储空间,而此空间是一维线性空间。那么多维数组是怎样存储的呢? 在 C 语言中,对于二维数组而言是按行存储的。例如,对于二维数组 int a[3][4],在内存中的存储形式如图 4-3 所示。

对于二维数组而言,数组名同样代表着数组的首地址。根据二维数组的特性,数组 a 可以看成是由 3 个一维数组 a[0]、a[1]、a[2]构成的,而每个一维数组就是二维数组的一行(含有 4 个元素)。

如图 4-4 所示,可以认为二维数组是"数组的数组"。

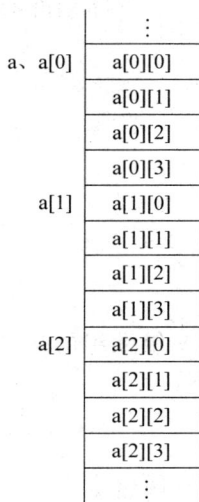

a、a[0]	a[0][0]
	a[0][1]
	a[0][2]
	a[0][3]
a[1]	a[1][0]
	a[1][1]
	a[1][2]
	a[1][3]
a[2]	a[2][0]
	a[2][1]
	a[2][2]
	a[2][3]

a →	a[0]	1	2	3	4
	a[1]	5	6	7	8
	a[2]	9	10	11	12

图 4-3　数组 a 在内存中的存储形式　　　　图 4-4　二维数组 a 的地址示意图

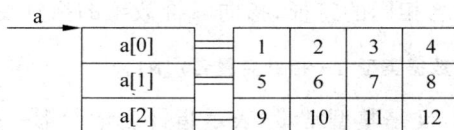

由图 4-4 可以看出,a 代表二维数组的首地址,而 a+1 代表序号为 1 的行的首地址。假设数组 a 的首地址为 2000,每个整数占 4B,则 a+1 的地址为 2016,而不是数组中第 2 个元素 a[0][1]的地址 2004;a+2 的地址为 2032,而不是数组中第 3 个元素 a[0][2]的地址 2008。

实际上,对于二维数组 a,不存在 a、a[0]、a[1]、a[2]的存储空间,系统不给它们分配内存,只分配 12 个整数的内存空间。事实上,a、a[0]、a[1]、a[2]都是指针常量。对于 a[i],如果 a 是一维数组,则 a[i]代表数组 a 的第 i 个元素,它是一个变量且有值,并且系统会给该元素分配存储空间。若 a 是二维数组,则 a[i]代表一维数组,它是一个指针常量,系统不给它分配存储空间,它仅仅是一个地址。

综上所述,对于二维数组而言,有行地址和列地址之分。二维数组 a 的首地址有 4 种表示:a、a[0]、* a、&a[0][0],但它们之间存在差异。假设指针变量 p 指向数组的首地址,若指向二维数组 a 的行地址,则 p+1 表示指向第 1 行元素的首地址(即 a[1]的地址);若指向二维数组 a 的列地址,则 p+1 表示指向第 0 行第 1 列元素的首地址(即 a[0][1]的地址)。

例 4-15 用指向数组元素的指针变量输出二维数组的值。

```cpp
#include <iostream>
using namespace std;
int main()
{
    int a[3][4]={1,2,3,4,5,6,7,8,9,10,11,12}, * p;    //p 为指向二维数组元素的
                                                       //指针变量

    for(p=a[0]; p<a[0]+3 * 4;p++)
    {
        cout<< * p<<" ";
        if((p-a[0]+1)%4==0)                            //每行输出 4 个元素
            cout<<endl;
    }
    return 0;
}
```

程序运行结果：
```
1  2  3  4
5  6  7  8
9  10  11  12
Press any key to continue
```

为了更方便地用指针来处理数组，C++ 提供了一个指向一维数组的指针，它具有与数组名相同的特征，指向一维数组的指针变量的定义形式如下：

数据类型 (* 指针变量名)[N];

其中，N 是整型常量，表示指针变量所指一维数组的元素个数。例如：

```cpp
int (* p)[4];
```

表示定义一个指向含有 4 个整型数据的一维数组的指针变量 p。

例如：

```cpp
int a[3][4], (* p)[4], * ptr;
```

若有：

```cpp
ptr=a[0];
    p=a;
```

则 "ptr++;" 表示 ptr 指向数组元素 a[0][1] 的首地址，而 "p++;" 表示数组 a 的第 1 行元素的首地址，其值与 a+1 的值相同。ptr 是指向数组元素的指针变量，而 p 是指向一维数组的指针变量。

例 4-16 用指向数组的指针变量输出二维数组的值。

```cpp
#include <iostream>
#include <iomanip>
using namespace std;
```

```
int main()
{
    int a[3][4]={1,2,3,4,5,6,7,8,9,10,11,12},(*p)[4];    //p为指向一维数组的
                                                          //指针变量
    int i,j;
    p=a;
    for(i=0;i<3;i++)
    {
        for(j=0;j<4;j++)
            cout<<setw(5)<< *(*(p+i)+j)<<endl;           //输出a[i][j]的值
        cout<<endl;
    }
    return 0;
}
```

程序运行结果：

```
    1     2     3     4
    5     6     7     8
    9    10    11    12
Press any key to continue
```

在函数定义中，声明为数组的形参实际上是一个指针。将一个数组传递给函数，实际上是以传值调用的方式将这个数组的首地址传递给函数，而并未复制数组元素本身。这样就会减少开销，提高效率。一维数组名可以作为函数参数，多维数组名也可以作为函数参数。用指针变量作为形参，以接收实参数组名传递来的地址。可以有两种方法：①用指向变量的指针变量；②用指向一维数组的指针变量。

例 4-17 输入一组整数，对其进行插入排序。

```
#include <iostream>
#include <iomanip>
#define N 10
using namespace std;
void input(int *ptr,int n)              //输入n个整数,形参是指针变量
{
    int *ptr_end=ptr+n;
    for(;ptr<ptr_end;ptr++)
        cin>> *ptr;
}
void output(int *ptr,int n)             //输出数组中的值,形参是指针变量
{
    int *ptr_end=ptr+n;
    for(;ptr<ptr_end;ptr++)
        cout<<setw(5)<< *ptr;
    cout<<endl;
}
void insertSort(int *ptr,int n)         //直接插入排序,形参是指针变量
```

```
{
    int * p, * q, * ptr_end,temp;
    ptr_end=ptr+n;
    for(p=ptr+1;p<ptr_end;p++)        //n 个元素经过 n-1 趟排序
        if(* p< * (p-1))
        {
            temp= * p;
            * p= * (p-1);
            for(q=p-2;q>=ptr&&temp< * q;q--)
                * (q+1)= * q;
            * (q+1)=temp;
        }
}
int main()
{
    int a[N];
    cout<< "输入"<<N<< "个整数: "<<endl;
    input(a,N);                                    //实参是数组名
    cout<< "排序前数组元素的值: "<<endl;
    output(a,N);                                   //实参是数组名
    insertSort(a,N);                               //实参是数组名
    cout<< "排序后数组元素的值: "<<endl;
    output(a,N);
    return 0;
}
```

程序运行结果:

```
输入10个整数:
12 3 98 7 10 45 87 23 19 2
排序前数组元素的值:
    12    3   98    7   10   45   87   23   19    2
排序后数组元素的值:
     2    3    7   10   12   19   23   45   87   98
Press any key to continue
```

用指针变量作为函数参数时,实参与形参的类型有以下几种对应关系,如表 4-1 所示。

表 4-1　调用函数时实参与形参的对应关系

实参	形参	实参	形参
数组名	数组名	指针变量	数组名
数组名	指针变量	指针变量	指针变量

数组名是地址,而指针变量的值也是地址,因此,进行函数调用时,若进行地址传递,可以采用上面 4 种方法中的一种。读者可以将上述程序进行修改,采用其他 3 种形式的参数传递方法,其结果都是一样的。

例 4-18　某班有 n 个学生,每个学生有 4 门课,计算总平均分,查找有两门以上(包括

两门）成绩在 85 分以上的学生，并输出满足条件的学生。

```cpp
#include <iostream>
#include <iomanip>
#define N 40
using namespace std;
float average(float *ps,int n)
{                       //计算所有课程的总平均分
    float sum=0,aver, * p_end=ps+n-1;
    while(ps<=p_end)
        sum+= * ps++;
    aver=sum/n;
    return aver;
}
void search(float ( * p)[4],int n,int s[],int * q)
{                       //查找两门以上课程的成绩在 85 分以上的学生
    int i,j,k=0,count;
    for(i=0;i<n;i++)
    {
        count=0;
        for(j=0;j<4;j++)
            if( * ( * (p+i)+j)>85)
                count++;
        if(count>=2)
            s[k++]=i;
    }
    * q=k;          //统计满足条件的学生人数
}
void output(float ( * p)[4],int s[],int m)
{                       //输出满足条件的学生的信息，其中 m 表示数组 s 的大小
    int i,j,k;
    for(k=0;k<m;k++)
    {
        i=s[k];
        for(j=0;j<4;j++)
            cout<<setw(7)<< * ( * (p+i)+j);
        cout<<endl;
    }
}
int main()
{
    float score[N][4], * ps,aver;
    int i,j,m,n,s[N]={0};            //s 数组存放满足条件的学生在数组 score 中的下标
    cout<<"输入学生人数(不超过 40)：";
```

```
        cin>>n;
        cout<<"输入每个学生 4 门课的成绩："<<endl;
        for(i=0;i<n;i++)
            for(j=0;j<4;j++)
                cin>>score[i][j];
        ps=score[0];                    //ps 为指向数组元素的指针变量
        aver=average(ps,4*n);
        cout<<n<<"学生的总平均分为："<<setprecision(4)<<aver<<endl;
        m=0;                            //计算 s 数组的大小
        search(score,n,s,&m);
        if(m<=0)
            cout<<endl<<"没有满足条件的学生."<<endl;
        else
        {
            cout<<endl<<"有两门以上的课程成绩在 85 分以上的学生："<<endl;
            output(score,s,m);
        }
        return 0;
}
```

程序运行结果：

```
输入学生人数(不超过40)：3
输入每个学生 4 门课的成绩：
90 67 70 85
80 75 56 91
80 82 91 90
3学生的总平均分为：79.75

有两门以上的课程成绩在85分以上的学生：
    80    82    91    90
Press any key to continue
```

在上例中使用了 3 种指针变量：指向变量的指针变量 q、指向数组元素的指针变量 ps 和指向一维数组的指针变量 p。请读者注意分析 3 种指针变量的使用方法。

4.2.5 指向函数的指针

指针可以作为函数参数，进行地址传递。由于函数名就是函数的入口地址，因此指针还可以指向函数。

一个函数所包含的指令序列在内存中总是占用一段连续的存储空间，这段存储空间的首地址称为函数的入口地址，而通过函数名就可以得到这一地址。由于指针就是地址，因此可以将函数的入口地址赋给一个指针变量，使该指针指向该函数，通过指针变量就可以找到并调用这个函数。

定义指向函数的指针变量的一般形式为

类型名 (* 指针变量名)(形参表)；

其中,"类型名"表示函数返回值的类型。"(* 指针变量名)"表示 * 后面的变量是一个指针变量。

注意:此处的括号一定不能省略,否则就成了下面要介绍的返回指针的函数了。"函数参数表列"表示函数形参的类型。

例如:

```
int (*pf)(int,int);
```

表示 pf 是一个指向函数入口的指针变量,该函数有两个整型类型的参数,其返回值是整型类型。

例 4-19 利用指向函数的指针求两个数的最大值和最小值。

```
#include <iostream>
#include <iomanip>
using namespace std;
int max(int x, int y)
{
    return x>y? x:y;
}
int min(int x, int y)
{
    return x<y? x:y;
}
int main()
{
    int a,b,c;
    int (*pf)(int,int);
    cout<<"输入两个整数: "<<endl;
    cin>>a>>b;
    c=max(a,b);                 //通过函数名调用函数 max
    cout<<"a="<<a<<",b="<<b<<",max="<<c<<endl;
    pf=max;                     //将函数的入口地址赋给 pf
    c=(*pf)(a,b);               //通过指针变量调用函数 max
    cout<<"a="<<a<<",b="<<b<<",max="<<c<<endl;
    c=min(a,b);                 //通过函数名调用函数 min
    cout<<"a="<<a<<",b="<<b<<",min="<<c<<endl;
    pf=min;                     //将函数的入口地址赋给 pf,pf 重新赋值
    c=(*pf)(a,b);               //通过指针变量调用函数 min
    cout<<"a="<<a<<",b="<<b<<",min="<<c<<endl;
    return 0;
}
```

程序运行结果:

```
输入两个整数:
45 6
a=45,b=6,max=45
a=45,b=6,max=45
a=45,b=6,min=6
a=45,b=6,max=6
Press any key to continue
```

使用指向函数的指针变量时,应注意以下 6 点。

(1) 定义指向函数的指针变量,并不意味着这个指针变量可以指向任何函数,它只能指向在定义时指定的类型并且具有相同形参表的函数。如上例中的指针变量 pf,它表示指向函数返回值是整型类型且有两个整型参数的函数。

(2) 如果要用指针调用函数,必须先使指针指向该函数。

如上例中,"pf=max;"表示把函数 max 的入口地址赋给了指针变量 pf。

(3) 在给函数指针变量赋值时,只需给出函数名而不必给出参数。

如上例中,"pf=max;"是将函数的入口地址赋给 pf,与实参和形参的结合问题无关。如果写成"pf=max(a,b);"就错了。"pf=max(a,b);"表示将调用 max 函数所得到的函数值赋给 pf,而不是将函数的入口地址赋给 pf。

(4) 用函数指针变量调用函数时,只需将(*指针变量)代替函数名即可,在(*指针变量)之后的括号中根据需要写上实参。

如上例中:

```
c=(*pf)(a,b);
```

(5) 在一个程序中,一个指针变量可以先后指向同类型的不同函数,但函数的返回值类型必须相同。如上例中:

```
pf=max;        //pf 指向函数 max 的入口地址
pf=min;        //pf 指向函数 min 的入口地址
```

这样通过对指针变量的灵活使用,先后调用不同的函数。

(6) 指向函数的指针变量也可以作为函数参数进行实参和形参的结合。

4.2.6 返回指针的函数

函数的返回值表示函数的计算结果,除了 void 类型的函数之外,函数在调用结束之后都要有返回值,指针也可以是函数的返回值。当一个函数的返回值是指针类型时,这个函数称为指针型函数。使用指针型函数的目的就是要在函数结束时把大量的数据从被调函数返回到主调函数中。

指针函数定义的一般形式为

类型名 * 函数名 (形参表);

其中,函数名前加 * 号,表明这是一个指针型函数,即返回值是一个指针,"类型名"表示返回的指针值所指向的数据类型。 * 可以与类型名结合,也可以与函数名结合,意义相同。

例如:

```
int  * fun(int x,int y)
{
    函数体
}
```

表示 fun 是一个返回指针值的指针型函数,它返回的指针指向一个整型数据。这就要求在函数体中至少有一条返回指针的语句,形如:

```
return & 变量名;
```

或

```
return 指针变量名;
```

例 4-20　已知某班每个学生 4 门课的成绩,计算每个学生的平均分,输出平均分大于等于 85 分的学生的所有成绩。

```cpp
#include <iostream>
#include <iomanip>
using namespace std;
float * search(float (*p)[4],int m,float *ps)
{
    int j;
    float *pt=NULL;
    for(j=0;j<4;j++)
        *ps+=*(*(p+m)+j);
    *ps/=4;
    if(*ps>=85.0)
        pt=*(p+m);              //将数组第 m 行的第 1 个元素的首地址赋给指针变量 pt
    return pt;                  //返回指针值
}
int main()
{
    int i,j;
    float *p,aver,score[3][4]={{86,90,89,94},{78,55,69,74},{85,78,95,88}};
    for(i=0;i<3;i++)
    {
        aver=0;
        p=search(score,i,&aver);
        if(p!=NULL){
            for(j=0;j<4;j++)
                cout<<setw(6)<<*p++;
            cout<<setw(8)<<aver<<endl;
        }
    }
    return 0;
```

```
}
```

程序运行结果：

```
        86     90     89     94    89.75
        85     78     95     88    86.5
Press any key to continue
```

4.2.7 指针数组与多级指针

指针数组也是一种数组，数组中的每一个数组元素均为指针类型数据，即每个元素都存放一个地址，相当于一个指针变量。定义一维指针数组的一般形式为

类型名 ＊数组名[数组长度];

例如：

```
int ＊ pa[10];
```

由于运算符[]的优先级高于＊，所以 pa 与[]结合成 pa[10]，表示定义一个大小为 10 的数组，然后 pa[10]与＊结合，表示该数组的类型是指针类型，每个数据元素都是一个指针变量。因此，"int ＊ pa[10];"表示定义一个大小为 10 的指针数组，每个数组元素都指向一个整型数据。

注意：不要将上面的定义写成"int（＊pa）[10];"，这时 pa 表示的是指向含有 10 个元素的一维数组的指针变量。

声明指针数组后，可以使该数组元素指向一个变量或其他数组的首地址。通常可用指针数组来处理字符串和二维数组。

例 4-21 利用指针数组输出二维数组中元素的值。

```cpp
#include <iostream>
#include <iomanip>
using namespace std;
int main()
{
    int a[3][4]={1,2,3,4,5,6,7,8,9,10,11,12};
    int i,j,＊ pa[3];
    for(i=0;i<3;i++)
        pa[i]=a[i];                          //将二维数组中每行元素的首地址赋给数
                                             //组元素 pa[i]
    cout<<"输出二维数组中数组元素的值："<<endl;
    for(i=0;i<3;i++)
    {
        for(j=0;j<4;j++)
            cout<<setw(5)<< ＊ (pa[i]+j);     // ＊ (pa[i]+j)也可写成 pa[i][j]
        cout<<endl;
    }
```

```
    return 0;
}
```

程序运行结果：

```
输出二维数组中数组元素的值：
    1    2    3    4
    5    6    7    8
    9   10   11   12
Press any key to continue
```

指针变量是存放其他变量地址的变量，如果一个指针变量存放的是另一个指针变量的地址，则称这个指针变量为二级指针变量，也称为指向指针的指针。二级指针定义的一般形式为

类型名 **指针变量名；

例如：

```
int a=3, * pa,**ppa;
pa=&a;
ppa=&pa;
```

三者之间的关系如图 4-5 所示。

由于指针数组中元素的值是指针，若定义指向指针数组的指针变量，该变量就是一个二级指针变量。

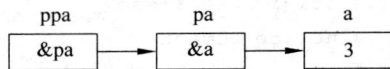

图 4-5　二级指针、指针、变量的关系

例 4-22　二级指针的应用。

```
#include <iostream>
#include <iomanip>
using namespace std;
int main()
{
    int a[3][4]={1,2,3,4,5,6,7,8,9,10,11,12};
    int j, * pa[3]={a[0],a[1],a[2]},**ppa;
    cout<<"输出二维数组中数组元素的值: "<<endl;
    for(ppa=pa;ppa<pa+3;ppa++)
    {
        for(j=0;j<4;j++)
            cout<<setw(5)<< * ( * ppa+j);
        cout<<endl;
    }
    return 0;
}
```

程序运行结果：

```
输出二维数组中数组元素的值：
    1    2    3    4
    5    6    7    8
    9   10   11   12
Press any key to continue
```

4.2.8　指向结构体的指针

当一个指针指向一个结构体类型时,该指针称为指向结构体的指针。可以声明一个指向结构体类型的指针变量,指针变量通过指向运算符－＞来访问结构体的成员。例如:

```
struct Date dt,* dtPtr;        //声明一个指向结构体类型的指针 dtPtr
dt.year=2013;                  //通过分量运算符.给成员赋值
dtPtr->month=12;               //通过指向结构体的指针变量给成员赋值
(* dtPtr).day=28;              //通过指向结构体的指针变量给成员赋值
```

综上所述,结构体成员的引用一般有 3 种格式:

```
结构体变量.成员名
(* 结构体指针变量).成员名
结构体指针变量->成员名
```

例 4-23　计算平面上两点之间的距离。

```cpp
#include <iostream>
#include <cmath>
using namespace std;
typedef struct Point{
    int x;
    int y;
}Point;
int main()
{
    Point pt1,pt2,* p1,* p2;
    float dist, deltaX, deltaY;
    p1=&pt1; p2=&pt2;
    cout<<"输入两个点的坐标 x 和 y: "<<endl;
    cout<<"输入第 1 个点的坐标: ";
    cin>>pt1.x>>pt1.y;
    cout<<"输入第 2 个点的坐标: ";
    cin>>pt2.x>>pt2.y;
    deltaX=(* p1).x-(* p2).x;
    deltaY=(* p1).y-(* p2).y;
    dist=sqrt((deltaX * deltaX)+(deltaY * deltaY));
    cout<<"点 ("<<p1->x<<","<<p1->y<<")和点 ("<<p2->x<<","<<p2->y<<")之间的
    距离是: ";
    cout<<dist<<endl;
    return 0;
}
```

程序运行结果:

```
输入两个点的坐标x和y:
输入第1个点的坐标: 34 87
输入第2个点的坐标: 23 12
点(34,87)和点(23,12)之间的距离是: 75.8024
Press any key to continue
```

除了可以使用指向结构体变量的指针变量外,还可以使用指向结构体数组的指针变量。

例 4-24 已知人的基本信息包括姓名、性别、年龄和身高,找出 3 个人中身高最高者和他们的平均年龄。

```cpp
#include <iostream>
#include <iomanip>
using namespace std;
typedef struct Person{
    char name[20];
    char sex;
    int age;
    int height;
}Person;
int main()
{
    Person ps[3]={{"zhang",'m',20,180},{"Li",'f',18,165},{"Gao",'m',19,183}}, * pt;
    int sum=0, index, maxH=0, i;          //index 记录最高者的下标
    float aver;                           //平均年龄
    pt=ps;                                //将数组的首地址赋给指针变量
    cout<<" 姓名 性别 年龄 身高"<<endl;
    for(i=0;i<3;i++)
    {
        cout<<setw(5)<<pt->name<<setw(4)<<pt->sex;
        cout<<setw(7)<<pt->age<<setw(6)<<pt->height<<endl;
        sum+=pt->age;
        if(pt->height>maxH)               //求 height 的最大值
        {
            index=i;
            maxH=pt->height;
        }
        pt++;
    }
    aver=static_cast<float>(sum)/3;
    cout<<endl<<"身高最高者是 "<<ps[index].name<<",平均年龄是 "<<aver<<endl;
    return 0;
}
```

程序运行结果:

```
姓名    性别   年龄   身高
zhang   m      20    180
  Li    f      18    165
 Gao    m      19    183

身高最高者是 Gao,平均年龄是 19
Press any key to continue
```

4.2.9 new 和 delete 操作符

通过数组可以对具有相同数据类型的大量数据进行管理,但是在有些情况下,并不知道要处理的数据是多少,如果定义的数组太大,会浪费存储空间,而如果定义的数组太小,又会影响对大量数据的处理。C 语言中使用函数 malloc()和 free()等来进行动态内存管理(分配与释放)。C++ 则提供了操作符 new 和 delete 来做相同的工作,而且后者比前者性能更优越,使用更方便灵活。操作符 new 分配一个空间,new[]分配一个数组。delete 释放由 new 分配的单一空间,delete[]释放由 new[]分配的数组。与 malloc 和 free 等函数不同的是,new 和 delete 是操作符而不是库函数。

在 C++ 中,通常 new 的使用方法如下:

new 类型名
new 类型名 (初始化值)
new 类型名 [表达式]

new 的每种用法都至少包含两方面的含义:首先,动态存储区会按照命名对象的数据类型分配大小为 sizeof(类型名)的存储空间来容纳这个对象;其次,new 表达式会返回这个对象的基地址。若不能正常分配存储空间,new 会抛出一个异常或返回 0(NULL)。

例如:

```
int * pi=new int;          //动态分配一个存放 int 型数据的内存空间,并将首地址赋
                           //给 p
float * pf=new float(3.5); //分配一个 float 型数据的内存空间,其值初始化为 3.5
int * pt=new int[10];      //分配长度为 10 的连续整型数据存储空间,首地址赋给 pt
```

运算符 delete 用来删除一个由 new 创建的对象,并释放所分配的存储空间,使该存储空间可以重新使用。delete 的使用方法如下:

delete 指针名
delete[] 指针名

例如:

```
delete pi;
```

表示释放 pi 指向的由 new 分配的单一的 int 单元。而

```
delete[] pt;
```

表示释放 pt 指向的由 new[]分配的 int 数组单元。

操作符 delete 不返回值,也可以说它的返回类型是 void。

例 4-25　按递增顺序输入 n 个整数放在数组中,然后输入一个整数 x,采用折半查找法查找 x 在数组中的位置。

```
#include <iostream>
using namespace std;
int main()
{
    int * pa,n,low,high,mid,x,flag;
    cout<<"输入数组的大小: ";
    cin>>n;
    pa=new int[n];
    if(! pa)
    {
        cout<<"申请失败!"<<endl;
        return 1;
    }
    cout<<"按递增顺序输入"<<n<<"个整数: "<<endl;
    for(int i=0;i<n;i++)
        cin>> * (pa+i);
    //下面进行折半查找
    cout<<"输入要查找的元素: ";
    cin>>x;
    low=0;    high=n-1;
    flag=0;
    while(low<=high && ! flag)
    {
        mid=(low+high)/2;
        if(x<pa[mid])
            high=mid-1;
        else if(x==pa[mid])
            flag=1;
        else
            low=mid+1;
    }
    if(flag)        //查找成功
        cout <<x<<"是数组中第"<<mid+1<<"个元素."<<endl;
    else
        cout <<"数组中无此元素"<<endl;
    delete[] pa;
    return 0;
}
```

程序运行结果:

```
输入数组的大小：3
按递增顺序输入3个整数：
12 34 56
输入要查找的元素：34
34是数组中第2个元素，
Press any key to continue
```

说明：

（1）new 可以根据定义的指针类型自动计算所需存储空间的大小，而不必使用 sizeof( ) 来计算所需的字节数，减少了发生错误的可能性。

（2）new 能够自动返回正确的数据类型，不必对返回的指针进行强制类型转换。

（3）用 new 分配的空间，使用结束后只能用 delete 显式地释放，否则这部分空间不能重新被利用，使得程序占据的内存越来越大，这称为"内存泄露"。

释放动态分配的数组存储空间时，无须指出空间的大小。

（4）如果建立的对象是一个基本类型的变量，可以对其进行初始化。

例如：

```
int * p=new int(5);
```

表示动态分配了用于存放 int 型数据的存储空间，并将 5 存入该空间中，然后将首地址赋给指针变量 p。

对于基本类型，如果不希望在分配内存后设定初值，可以把括号省去。

（5）用 new 操作符也可创建多维数组，形式如下：

new 数据类型 T[第 1 维的长度][第 2 维的长度]…

其中第 1 维的长度可以是任何合法的表达式，而其他维的长度必须是结果为正整数的常量表达式。

例如：

```
int (* pa)[4];
pa=new int[3][4];
```

需要注意的是，当用 new 创建多维数组时，如果申请成功，返回的地址不是数据类型 T 的地址，而是指向 T 类型数组的地址。

例如：

```
int * pa;
pa=new int[3][4];
```

是错误的。因为 pa 是指向整型数据的指针变量，而不是指向数组的指针变量。

例 4-26 动态创建多维数组的应用。

```
#include <iostream>
#include <iomanip>
using namespace std;
int main()
{
```

```
int (*pa)[4]=new int[3][4];
for(int k=1,i=0;i<3;i++)
    for(int j=0;j<4;j++)
        *(*(pa+i)+j)=k++;
for(i=0;i<3;i++)
{
    for(int j=0;j<4;j++)
        cout<<setw(4)<<*(*(pa+i)+j);
    cout<<endl;
}
delete[] pa;
return 0;
}
```

程序运行结果:

```
  1   2   3   4
  5   6   7   8
  9  10  11  12
Press any key to continue
```

（5）new 和 delete 都可以被重载,允许建立自定义的内存管理算法。

4.3　字符串

与 C 语言一样,C++ 中没有字符串变量,那么如何处理字符串呢? 在 C 语言中是使用字符数组来存放字符串的,C++ 程序中也仍然可以使用字符数组处理字符串。不仅如此,C++ 提供 string 类型来代替 C 语言的字符数组来处理字符串,并且使用起来更加方便和高效。

4.3.1　用字符数组处理字符串

当数组中的元素定义为字符型时,这样的数组称为字符数组。它们与一般数组不同的是整体语义更强,即在更多情况下把数组中的元素看成是一个整体,例如学生的姓名、英语单词等。程序员经常采用字符数组来处理字符串。

字符串在内存中的存放形式是按串中字符的排列顺序存放,每个字符占 1B,并在末尾添加字符'\0'作为串的结束符。因此,字符串在内存中所占的字节数比串的长度多1。

字符串进行初始化,可以采取如下方式。

（1）逐个字符对数组元素进行初始化,例如:

```
char str[10]={'h','e','l','l','o'};
```

如果提供的字符数少于定义的数组长度,则按顺序对相关元素进行赋值后,其余元素自动赋值'\0',例如,字符数组 str 在内存中的存放形式如下。

h	e	l	l	o	\0	\0	\0	\0	\0

（2）用字符串常量来使字符数组初始化。例如：

```
char str[]={"I love you"};
```

也可以省略大括号，直接写成

```
char str[]="I love you";
```

当用字符数组存放字符串时，为方便对字符串操作，系统提供了一些专门处理字符串的函数，这些函数都包含在头文件 cstring 中。在调用这些函数时，需要在程序中引入这个头文件。下面列出几个常用的字符串函数：

```
strcpy(字符数组,字符串)          //将字符串复制到字符数组
strcat(字符数组,字符串)          //将字符串连接到字符数组存放的串的后面
strcmp(字符串 1,字符串 2)        //比较两个字符串的大小
strlen(字符串)                   //求字符串的长度
strlwr(字符串)                   //将字符串中的英文大写字母转换为小写字母
strupr(字符串)                   //将字符串中的英文小写字母转换为大写字母
```

例 4-27　输入一个字符串，判断该字符串是否是一个回文。

```cpp
#include <iostream>
#include <cstring>
using namespace std;
int main()
{
    char str[80];
    int low,high,len,flag;
    cout<<"输入一个字符串: "<<endl;
    gets(str);
    len=strlen(str);
    flag=1;
    low=0;    high=len-1;
    while(low<high && flag)
        if(str[low]!=str[high])
            flag=0;
        else{
            low++;    high--;
        }
    cout<<str;
    if(flag)
        cout<<"是一个回文."<<endl;
    else
        cout<<"不是一个回文."<<endl;
    return 0;
}
```

程序运行结果：

```
输入一个字符串：
university
university不是一个回文.
Press any key to continue
```

4.3.2 用指向字符串的指针处理字符串

由于指针与数组有密切联系，可以使用字符类型指针指向一个字符串，通过指针访问它所指的字符串。例如：

```
char *ps="I am a student.";
```

注意：指向字符串的指针是一个指针类型变量，它只存放字符串的首地址，而不是存放整个字符串，它可以指向任何字符串。字符数组名是一个常量，它只能指向分配给它的那块内存空间，不能指向其他数组；也不能通过赋值运算把整个字符串赋给一个字符数组。

例如：

```
char str1[20]="I am a teacher.",str2[20];
char *ps1="I am a student.",*ps2;
ps="I love China.";          //正确.将字符串常量的首地址赋给指针变量 ps
str1="I love China.";        //错误,不能将一个串常量直接赋给字符数组
str2=str1;                   //错误,数组名是常量,赋值号的左边只能是变量
ps2=ps1;                     //正确,将一个指针变量的值赋给另一个指针变量
```

例 4-28 使用指针变量实现字符串的连接。

```
#include <iostream>
using namespace std;
int main()
{
    char str1[80],str2[40];
    char *ps1=str1,*ps2=str2;
    cout<<"输入第一个串: "<<endl;
    gets(str1);
    cout<<"输入第二个串: "<<endl;
    gets(str2);
    while(*ps1++!='\0');         //将 ps1 指针指向第一个串的末尾
    ps1--;                       //将 ps1 指针指向第一个串的结束标志
    while(*ps1++=*ps2++);        //逐个字符进行复制,结束标志也被复制
    ps1=str1;                    //重新确定指针指向
    cout<<"连接后的新字符串为: "<<endl;
    cout<<ps1<<endl;
    return 0;
}
```

程序运行结果：

```
输入第一个串：
university
输入第二个串：
hello
连接后的新字符串为：
universityhello
Press any key to continue
```

由于字符串常量在内存中是按串中字符的排列顺序存放，并在末尾添加字符'\0'作为串的结束符。这实际上是一个隐含创建的类型为 char 的数组，字符串常量就表示这样一个数组的首地址。因此，可以把字符串常量的首地址赋给字符串指针，由于常量值是不能改变的，应将字符串常量赋给指向常量的指针。例如：

```
const char * ps="This is a string.";
```

const 可以和指针一起使用，它们的组合情况较复杂，可归纳为 3 种：指向常量的指针、常指针和指向常量的常指针。

（1）指向常量的指针是指一个指向常量的指针变量。例如：

```
const char * ps="string";
```

表示声明一个名为 ps 的指针变量，它指向一个字符串常量。

由于使用 const，不允许改变指针所指的常量，例如：

```
ps[3]='o';
```

是错误的。但是，由于 ps 是一个指向常量的指针变量，不是常指针，因此可以改变 ps 的值。例如：

```
ps="hello";
```

是合法的。表示赋给了指针另一个常量，即改变了 ps 的值。

（2）常指针是指将指针本身，而不是它指向的对象声明为常量。例如：

```
char * const ps="string";
```

表示声明了一个名为 ps 的指针变量，该指针是指向字符型数据的常指针，并且用串 "string" 的地址初始化该常指针。

创建一个常指针，就是创建一个不能移动的固定指针，但是它所指向的数据可以改变。例如：

```
ps[3]='o';        //正确，改变常指针所指的数据
ps="hello";       //错误，不能改变指针本身的值
```

（3）指向常量的常指针是指，这个指针本身不能改变，它所指向的值也不能改变。要声明一个指向常量的常指针，两者都要声明为 const。例如：

```
const char * const ps="string";
```

表示声明一个名为 ps 的指针变量，它是指向字符型常量的常指针，并且用串 "string" 的地

址初始化该常指针。下面两个赋值语句都是错误的：

```
ps[3]='o';           //错误,不能改变指针所指的数据
ps="hello";          //错误,不能改变指针本身的值
```

4.3.3　用 string 类处理字符串

在 C++ 中,标准库同时提供了 cstring 和 string,这两个库都可以用来处理字符串,并且可以联合起来一起使用。虽然可以通过 cstring 中的字符串函数处理字符串,当字符串长度不固定时,需要用 new 来动态创建字符数组,最后还要用 delete 释放,但是这些操作都相当烦琐。C++ 风格更倾向于使用 string 类型。有了 string 类型,程序员就不再关心存储的分配,也无须处理繁杂的 NULL 结束符,这些操作将由系统自动处理。由于字符串的使用较为广泛,并且用 string 定义字符串,操作方便且简单。

在 C++ 中,string 类型其实是一个类,它包含在头文件 string 中,类的概念将在第5章介绍,此处将 string 类看作一种数据类型。

例如,定义 string 类型的变量如下：

```
string s1;              //定义字符串变量 s1,默认值为空串
string s2="hello";      //定义字符串变量 s2,并用字符串常量"hello"初始化
string s3=s2;           //定义字符串变量 s3,并用 s2 对其初始化
```

string 类型提供了丰富的操作符,通过前面讲的赋值运算、加法运算、关系运算和逻辑运算等,可以方便地完成字符串的赋值、连接和比较等操作,而无须使用字符串函数。

例 4-29　字符串操作符的应用举例。

```
#include <iostream>
#include <string>
using namespace std;
int main()
{
    string s1="This is a string.";
    string s2="Hello world!";
    string s3,s4,s5,s6;
    cout<<"s1="<<s1<<endl;
    cout<<"s2="<<s2<<endl;
    s3=s1;                    //更新操作
    cout<<"s3="<<s3<<endl;
    s4="123";                 //赋值操作
    cout<<"s4="<<s4<<endl;
    cout<<"输入一个字符串: ";
    cin>>s5;
    cout<<"s5="<<s5<<endl;
```

```
        s6=s4+s5;                        //连接操作
        cout<<"s6="<<s6<<endl;
        cout<<"串 s1 与串 s2";
        if(s1==s2)                       //判等操作
            cout<<"相等."<<endl;
        else
            cout<<"不相等."<<endl;
        cout<<"串 s1";
        if(s1>=s2)                       //比较操作
            cout<<"大于等于串 s2."<<endl;
        else
            cout<<"小于串 s2."<<endl;
        return 0;
}
```

程序运行结果：

```
s1=This is a string.
s2=Hello world!
s3=This is a string.
s4=123
输入一个字符串：hello
s5=hello
s6=123hello
串s1与串s2不相等.
串s1大于等于串s2.
Press any key to continue
```

使用 cin 的＞＞操作符从键盘输入字符串时,空格作为输入的分隔符。例如：

```
string s;
cin>>s;
```

如果输入的字符串是"123 abc",那么 s 的内容是"123","abc"将在下一次从键盘输入
字符串时被读入。

如果希望从键盘读入字符串,直到行末为止,不以中间的空格作为输入的分隔符,可
以使用 string 文件中的函数 getline。该函数常用来读入一整行字符到 string 类型的变量
中去,其第一个参数是输入流,第二个参数是 string 类型的变量。它从输入流中读入字
符,然后将它们存储到 string 变量中。

例如,若将字符串"123 abc"赋给字符串变量 s,可用下面的语句实现：

```
getline(cin,s);
```

getline 还允许在输入字符串时增加其他分隔符,使用方法是把作为分隔符的字符,
作为第三个参数传递给 getline。例如：

```
string s1,s2;
getline(cin,s1,',');
getline(cin,s2);
```

若输入：

```
123,abc
```

则 s1 的值是"123"，s2 的值是"abc"。

对于 string 类型的变量，还可以通过一些函数实现对字符串的一些操作。其实这些函数是 string 类的成员函数，下面通过实例说明一些函数的应用，更多的函数在学习后面的知识后，读者在使用时可以查看联机帮助。

例 4-30 string 类型函数的应用举例。

```cpp
#include <iostream>
#include <string>
using namespace std;
int main()
{
    string s1="This is a string.";
    string s2="Hello world!";
    string s3,s4,s5,s6,s;
    cout<<"s1: "<<s1<<endl;
    cout<<"s2: "<<s2<<endl;
    cout<<"串 s1 的长度是: "<<s1.length()<<endl;
    cout<<"将串 s1 与串 s2 进行交换: "<<endl;
    s1.swap(s2);
    cout<<"s1: "<<s1<<endl;
    cout<<"s2: "<<s2<<endl;
    s3=s2.substr(5,2);              //取子串操作
    cout<<"s3: "<<s3<<endl;
    s4=s1.erase(1,6);              //删除子串
    cout<<"s4: "<<s4<<endl;
    s5=s4.insert(0,"big ");        //插入子串
    cout<<"s5: "<<s5<<endl;
    cout<<"输入字符串: ";
    cin>>s;
    s6=s5.replace(4,5,s);          //替换字符串
    cout<<"s6: "<<s6<<endl;
    return 0;
}
```

程序运行结果：

```
s1: This is a string.
s2: Hello world!
串s1的长度是: 17
将串s1与串s2进行交换:
s1: Hello world!
s2: This is a string.
s3: is
s4: Horld!
s5: big Horld!
输入字符串: hello
s6: big hello!
Press any key to continue
```

4.4　小结

数组是常用的构造类型之一。本章主要介绍数组的声明与引用,包括一维数组、二维数组和字符数组。数组是用一片连续的存储空间存储一组类型相同的数据,每个数据称为一个数组元素,数组名就是数组的首地址,通过相同的名字、不同的下标表示不同的数组元素。C++ 中,数组的下标是从 0 开始的。对数组中数组元素的引用,要逐个进行引用,不能将一个数组中的所有元素直接赋给另一个数组。当用数组名作为函数参数进行传递时,实现的是地址传递,形参和实参占有相同的存储单元,在被调函数中修改了数组元素的值,主调函数中数组元素的值也跟着改变。由于计算机内存是一维的,对于多维数组,在计算机内存中都是按一维存储的。C++ 中是按行优先序进行存储的。

指针是 C++ 中的一个难点,指针的本质体现在对内存的操作。本章介绍指针的概念,主要介绍指向变量的指针、指向数组的指针、指向字符串的指针、指向函数的指针,指向指针的指针,返回指针值的函数和指针数组,以及不同指针类型变量的特点和使用方法。使用指针一般要包括 3 个步骤:声明、赋初值和引用,否则会得到意想不到的结果,甚至会造成系统瘫痪等严重问题。

本章还介绍如何动态分配存储空间,并对所分配的存储空间进行管理。

指针的灵活性给了编程人员很大的发挥空间,它可以直接操作内存单元数据。但是,对于每一种不同的指针要注意它们的区别,不要混淆各指针变量的含义。多动手编写程序进行验证,才能真正理解和掌握指针。

最后,以字符串为例,讲解了数组的特例——字符数组的使用方法,同时还介绍能灵活方便地对字符串进行操作的 string 类型。

习　　题

1. 简述指针与引用的区别。

2. 简述数组与指针的区别。

3. 编写程序:随机产生 $n(n \geqslant 100)$ 个 0～10 之间的随机整数,统计每个数的个数。

4. 用筛选法求 2～1000 之间的素数,要求用 3 个函数完成:Input()函数、Output()函数、Prime()函数。

5. 输入一组整数,编程将所有的负数放在所有正数的前面。

6. 随机产生 20 个 100 以内的整数,将这组整数按从小到大的顺序输出。

7. 编写函数,将用数组存放的 d 进制数,转换成十进制数。

8. 已知一组有序数存放在一维数组中,通过键盘输入一个数,将其插入到该数组,使插入后的数组仍然有序。

9. 已知一组有序数放在一维数组中,通过键盘输入一个数,采用折半查找法,查找该数是否在数组中,若在返回 true,否则返回 false。

10. 两组按值递增有序的数分别放在两个数组中,编程将这两组数合并成一组,合并后的数组仍然保持有序。

11. 编程查找二维数组的鞍点。鞍点是指在二维数组中的某个位置的元素,在该位置上的元素是该行的最大值、该列的最小值。

12. 打印魔方阵。魔方阵是指每一行、每一列以及对角线上的元素之和均相等。例如,$n=3$ 时的魔方阵如下:

$$
\begin{matrix}
8 & 1 & 6 \\
3 & 5 & 7 \\
4 & 9 & 2
\end{matrix}
$$

13. 编写程序,找出数组中第 k 大小的数,输出该数及所在的位置。

14. n 个人围成一圈,顺序排号。从第一个人开始报数,凡报到 3 的人出圈,求最后剩余的一个人的编号。

15. 建立一个带有头结点的单链表,编程利用原有的存储空间,将该链表中的值倒过来存放并输出。

16. 单词存放在字符串数组中,编写函数求最长的单词。

17. 在带头结点的单链表中存储若干个字符,将该链表分裂成三个带头结点的单链表,分别存放数字字符、字母字符和其他字符。

18. 编写函数,传递两个字符串,从第一个串中删除在第二个串中出现的字符。

19. 输入一个字符串,内有数字字符和非数字字符。编写函数,将其中的连续数字字符作为一个整数,依次存放在一个一维数组中,统计共有多少连续数字,并在主调函数中输出。

20. 两个按值递增有序的整数序列,分别存放在两个带有头结点的单链表中,求这两个序列的并集。

第 5 章　类 与 对 象

　　类是面向对象程序设计的基本概念,是编程人员自己定义的一种抽象数据类型。对象是类的实例,只有将类实例化才能实现类的功能。本章将介绍类的概念并围绕类的设计和应用展开详细讨论。

5.1　对象与类的概念

5.1.1　对象

　　世界上的事物,无论大小、简单与复杂,都可视为对象。例如,一座大厦,一粒石子,一匹马等都是对象。一个复杂对象也可由多个对象组成,例如,一辆汽车可认为由车架、发动机、车门、轮胎等对象组成。对象一般具有两方面的特性:一是表示对象当前状态的静态特性,例如,一匹马的质量、颜色,一个点的位置坐标等;另一个是对象所具有的动态特性,如马会奔跑、嘶叫,点可以移动等。在面向对象程序设计中,对象具有的静态特性称为属性(attribute),对象具有的动态特性称为行为(behavior)。行为不仅包含对象发出的动作,还包括外界对它施加的操作。动态行为能够展现对象的特性或通过对属性的操作改变对象的当前状态。在面向对象程序设计中,描绘出现实世界中实体的属性和行为,就构成了一个对象,或者说对象是由属性和行为组成的实体。例如,一个长方形对象的属性是长和宽,行为是求周长和面积。再如,人的属性可用姓名、性别、年龄、身高、体重来描述;动态行为有会说话、体重增加、长高和长大等。

　　上述所说的汽车、马、人,实际上是一个抽象的概念,是人们通过长期观察具体的形形色色的汽车、马和人后,在脑海中形成的一个影像,是对具有共同特性的一类事物的抽象描述。例如,人这个概念是具有不同姓名、性别、年龄、身高、体重这些特征的群体的总称,是个抽象的概念,并不指具体某人。人们看不见抽象的“人”,只能见到具体的人,例如,王芳,女,18 岁,身高 1.68m,体重 50kg。C++ 语言中所说的对象,是指具体的像王芳这样的个体。如果泛泛地说人,是对所有人的共同特性的抽象,是面向对象技术中类的概念。

5.1.2　类

　　对于一个长方形,可以有许多不同的实例,即不同长和宽的长方形。如长为 8、宽为 5 的长方形,长为 10、宽为 6 的长方形等。虽然这些长方形的长和宽不等,但它们都是长方形,都具有长方形的特征,都可以归为一类图形。长方形是具有长方形特征的所有实例的抽象描述,与各个不同尺寸长方形是共性与个性的关系。在 C++ 中,类是具有相同性质的事物的抽象。例如,人都具有姓名、性别、年龄等特性,是类的概念。针对某个具体的人,如张三,男,18 岁,是对象的概念。类与对象的关系:类是具体对象的抽象,对象是类的实例。类与对象的关系,可以比作基本数据类型与其变量的关系。既然类是具有相同特征的对象的抽象,类也由属性和行为构成。类就像一个模板,依照此模板,可创建形形色色的对象。

5.2 类的定义与对象的创建

5.2.1 类成员的表示

程序设计语言是用来解决实际问题的,是在解决问题中不断发展的。在问题规模较小的情况下,可以用基本数据类型(如 int、float、char 等)来处理;当问题规模增加但类型相同时,可以用数组来处理;当处理的对象涉及不同数据类型时,程序员可以将不同数据类型封装在一起,定义结构体数据类型来处理。类是由属性和行为构成的,是对结构体类型的进一步扩展,可看作是包含行为的结构体。面向对象程序设计的一项基本任务,是规划设计完美的类。设计完美的类,就是通过分析具体事物的特征,去掉不必要的细节,抽象出反映事物本质的属性和行为。

类的属性像结构体一样,可用基本数据类型的变量表示。例如,平面上的点,其坐标属性可用两个整型或实型变量 x、y 来表示;长方形的属性长和宽,可用整型或实型变量 length、width 来表示。类还具有行为特征,那么类的行为如何来表示呢? C++ 语言中类的行为是用函数来表示的。例如,点的行为“移动”,可用函数 move(float xOff, float yOff) 来表示,xOff、yOff 表示点在 x 轴和 y 轴上的位移。长方形的方法“求面积”可用函数 getArea(length,width)来表示。C++ 语言中,用变量表示的类的属性称为类的数据成员,用函数定义的类的行为称为类的函数成员或类方法,类是由数据成员和函数成员组成的。

5.2.2 类的定义

类的定义由关键字 class 引出,格式如下:

```
class ClassName {
        variable member;
        function member;
};
```

其中 class 为定义类的关键字,ClassName 为设计者定义的类名,应符合标识符的规定,class 与类名 ClassName 构成了类头;variable member 是类的数据成员,function member 是类的成员函数;类成员用一对大括号括起来,称为类体;类定义最后以分号结束。例如,定义平面上的“点”Point 类,格式如下:

```
class Point{
    int x;
```

```
        int y;
    public:
        void setXY(int a,int b){
            x=a;
            y=b;
        }
        void move(int xOff, int yOff){
            x+=xOff;
            y+=yOff;
        }
    };
```

其中,Point 为类名,一般首字母大写,以便与固有的数据类型相区别,表明是用户定义的类。x、y 为数据成员变量,表示点的 x、y 坐标;setXY()、move() 为成员函数,与一般函数的定义没有区别。函数 setXY() 的功能是设置成员变量 x、y 的值,函数 move() 的功能是点分别在 x 轴和 y 轴上移动位移 xOff、yOff 后,成员变量 x、y 的值。关键字 public 是成员访问限定符,在后面将详细讨论。类定义最后以分号(;)结束。定义一个类,是类的设计者定义了一种新的抽象数据类型,类中的成员变量不能赋具体的值。再如,定义一个类 Rectangle(长方形)的形式如下:

```
    class Rectangle{
        int m_length;
        int m_width;
    public:
        void setLenWid(int length,int width){
            m_length=length;
            m_width=width;
        }
        int getArea()
        {
            return m_length * m_width;
        }
    };
```

其中,Rectangle 为类名,m_length、m_width 为成员变量(变量名前加 m_,示意为成员变量),表示长方形的长和宽,setLenWid ()、getArea() 为成员函数,其功能分别是设置成员变量 m_length、m_width 的值和求长方形的面积。

5.2.3　对象的创建与使用

定义了一个类,只是程序员定义了一种新的数据类型,是对实例的抽象,只有构造出类的实例,创建了真实的对象,才能应用类来解决实际问题。C++ 中创建对象的形式为

```
ClassName objectName;
```

其中,ClassName 为声明的类名,objectName 为对象名,应符合标识符的规定。例如,创建类 Point 的两个对象:

```
Point point1, point2;
```

对象创建后,对象成员的访问是通过点(.)运算符实现的。对象成员访问的形式为

对象名.数据成员名
对象名.函数成员名(实参表)

例 5-1 定义一个点类,生成对象,将点的坐标显示在屏幕上。

```
#include <iostream>
using namespace std;
class Point{
    int x;
    int y;
public:
    void setXY(int a,int b){
        x=a;
        y=b;
    }
     int getX(){
        return x ;
    }
    int getY(){
        return y ;
    }
};
int main(){
    Point point1, point2;
    point1.setXY(1,2);
    point2.setXY(3,4);
    cout<<"点 point1 的 x 坐标是: "<<point1.getX()<<endl;
    cout<<"点 point1 的 y 坐标是: "<<point1.getY()<<endl;
    cout<<"点 point2 的坐标是:("<<point2.getX()<<','<<point2.getY()<<")\n";
    return 0;
}
```

程序运行结果:

```
点point1的x坐标是: 1
点point1的y坐标是: 2
点point2的坐标是:(3,4)
```

对象创建后,系统即为对象分配了内存块,所以对象是一个实体。因同一个类的不同对象的数据成员可以取不同的值,所以一个类创建几个对象,内存就分配几个对象的存储空间。一个类对象所占的内存空间仅用来存放对象的数据成员,不同对象的相同功能的函数成员在内存中共用一处存储空间,因函数成员的实现代码是一样的,是可以共享的,

没有必要为一个类的每个对象都存储一个相同的函数副本。看下面的程序例子：

```cpp
#include <iostream>
using namespace std;
class A{
    int x;
public:
    void setX(int b){
        x=b;
    }
};
int main ()
{
    A a;
    cout<<sizeof(int)<<endl<<sizeof(a)<<endl;
    return 0;
}
```

程序运行结果：

```
4
4
Press any key to continue
```

类中唯一整型变量 x 占用 4B，对象 a 也占用 4B。

5.3　类成员的访问控制

面向对象程序设计的一个基本思想是封装。设计类时，将类的数据成员和函数成员集合在一起，分别设置成员的不同访问权限（这里访问的含义就是对数据成员的读或写，或函数成员的调用），并将类的声明与类的实现分离，达到封装与信息隐藏的目的。封装有两层含义，首先将数据成员和函数成员组合成一个家庭，形成一个类，使类中成员都具有类作用域。类作用域就是成员的名字只在本类内部可见，本类的成员不会与其他类同名的成员发生冲突，在类外访问成员必须通过对象名或类名。封装的第二层含义，是给成员指定不同的访问权限。有些成员展现在大庭广众之下，家庭外的任何对象都可直接访问它们，它们的封装程度差一点儿，不够安全，但访问灵活。有些成员封闭在家庭内部，只有家庭内部成员才能访问它们。它们的隐蔽性好，安全程度高，但访问不够灵活，外界只能通过家庭其他成员间接访问它们。封装从语法机制上阻挡了类的使用者对类内部成员的随意操作，保证了成员安全，减少了程序出错的概率。

类成员的保护是通过设置成员的访问权限实现的。C++ 有 3 种成员访问限定：public（公有的）、private（私有的）、protected（受保护的）。在程序任何位置都可以直接访问类的公有成员；类的私有成员只能被本类的成员函数访问，在类的外部不能直接访问；受保护的成员也不能被类的外部函数访问，但可以被派生类的成员函数访问。派生类的概念将在后续章节中介绍。

看下面类成员访问控制的例子：

```cpp
class A{
private:
    int i;
public:
    char c;
public:
    void setI(int j){
        i=j;
    }
    void display(){
        cout<<"i="<<i<<endl<<"c="<<c<<endl;   //类内部可直接访问私有成员
    }
};
class B{
public:
    char c;                 //不同类中可以有相同的成员名
public:
    void display(){         //不同类中可以有相同的函数成员名
        cout <<"c="<<c<<endl;
    }
};
int main(){
    A a;
    B b;                    //创建类A、B的对象a、b
    a.i=1;                  //error,类的外部不能访问类的私有成员
    a.c='e'; b.c='f';       //ok,在类外可以访问公有成员
    a.setI(8);              //通过接口间接访问私有成员i
    a.display();            //ok,直接访问公有成员
    b.display();
    return 0;
}
```

上述程序编译出错，在类外直接给私有成员 i 赋值为非法。类成员具有类作用域，所以类 A、B 中可有同名成员 c，不会产生命名冲突。可以通过类的公有接口 setI()、display() 实现对私有成员的访问。上述类的声明中，关键字 private 可以省略，系统将默认为私有。定义类时，private 与 public 的次序可以任意设定，private 与 public 的作用范围为冒号（：）之后，直至出现另一成员访问限定符止。

在设计类时，如果将类的数据成员和函数成员都设计成公有成员，那么类的使用者就可随意修改类中的数据成员，数据成员得不到保护，不能达到封装的目的。如果将类的数据成员和函数成员都设计成私有成员，那么类的使用者就无法访问类中任何成员，类的内部完全与外界隔离，无法和外界进行交流。这样的类无法使用，失去了存在的价值。设计

类时,成员访问权限的设定原则一般是将类的数据成员设计成私有类型(private),函数成员设计成公有类型(public)。这样,外界就不能随意访问类的数据成员,保证了数据成员的安全,起到了封装的效果,但仍能通过成员函数访问数据成员。类的公有成员函数称为类与外界的接口,通过对象调用成员函数称为向对象发送消息。对象之间通过发送消息,能够达到信息交互的目的。

例 5-2 设计一个圆 Circle 类,能够求出圆的面积。

```cpp
#include <iostream>
using namespace std;
const double Pi=3.14159;
class Circle{
private:
    float m_radius;
public:
    void setRadius(float radius){
        m_radius =radius;
    }
    float getRadius(){
        return m_radius;
    }
    float getArea(){
        return Pi * m_radius * m_radius;
    }
};
int main(){
    Circle c;
    c. setRadius(3);
    cout<< "Circle's radius is "<<c. getRadius()<<endl;
    cout<< "Circle's area is "<<c.getArea()<<endl;
    return 0;
}
```

程序运行结果:

```
Circle's radius is 3
Circle's area is 28.2743
Press any key to continue
```

上述类声明中,关键字 private 可以省略,系统将数据成员 m_radius 默认为私有成员。除类的成员函数 setRadius()、getRadius()和 getArea()外,在类的外部,其他函数不能直接访问该私有成员。

如果某个成员函数仅被本类中的其他成员调用,可将该成员函数设置为私有。例如,检测类属性合法性的检测函数,可以将其设计为私有成员函数。例如,例 5-3 定义的时钟类。

例 5-3 设计一个数字时钟,可以设置时间和显示时间。

```cpp
class Clock{
```

```
private:
    int hour;
    int minute;
    int second;
    void checkTime(){                        //私有成员函数
    if(hour<0||hour>23|| minute<0|| minute >59|| second<0|| second >59){
        cout<<"illegal time\n";
        exit(1);                             //退出程序
    }
}
public:
    void setTime(int newHour,int newMinute,int newSecond){
        hour=newHour;
        minute=newMinute;
        second=newSecond;
        checkTime();                         //调用私有成员函数,检测时间的合法性
    }
    void showTime(){
    cout<<hour<<": "<<minute<<": "<<second<<endl;
    }
};
```

检测类数据的合法性,也可以不用设计检测函数,而是在设置类属性的函数中直接嵌入检测代码。

例 5-4 改写例 5-3,在类的设置函数中嵌入检测代码。

```
class Clock{
    int hour;
    int minute;
    int second;
public:
    void setTime(int newHour,int newMinute,int newSecond){
        if(newHour <0|| newHour >23|| newMinute <0|| newMinute >59|| newSecond <
        0|| newSecond >59){
        cout<<"illegal time\n";
        exit(1);                 //退出程序
        }
        hour=newHour;
        minute=newMinute;
        second=newSecond;
    }
    void showTime(){
        cout<<hour<<": "<<minute<<": "<< second<<endl;
    }
};
```

5.4 类的信息隐藏

面向对象程序设计的另一个基本思想是信息隐藏。信息隐藏的含义是,只告诉类的使用者类提供的功能是什么,至于功能是如何实现的,不得而知。类的功能由成员函数的声明部分告知,这是能看到的。功能怎样实现,是成员函数的具体实现部分,这部分是隐蔽的。信息隐藏是通过对外接口(公有成员函数声明)告知类具有哪些功能,而接口功能如何实现是看不到的。就像一台收音机,使用者可通过收音机上设置的音量旋钮和调台旋钮,来增大与减小音量,改变收听的电台,而不知道收音机内部是怎样实现这些功能的。

信息隐藏的好处,一是没有暴露类设计者的技术实现,保护了类设计者的利益;二是一旦设计者对类功能的实现有所改动,只要接口不变,就不会影响类外部的使用,这样使用者的程序就无须改动,减少了编码的工作量。

C++ 语言一般用来设计大型程序,程序员可分为类的设计者和类的使用者两类。为减少使用者编写程序的工作量,提高开发效率,设计者应提供功能完善的类库供使用者使用。所以,设计完美的类是程序员的一项基础性工作。类的设计者一般将类功能的实现部分编译成二进制文件后放入类库,达到信息隐藏的目的。类的使用者可不必了解类内部的具体实现过程,仅通过接口向对象发送消息,即可实现类提供的功能。

从软件工程与面向对象的思想出发,类的声明、类的实现、类的使用应该分开。类的声明即类体中仅有成员变量的声明和成员函数的原型声明,没有函数的具体实现部分。类的设计者可将类的声明存储在一个单独的头文件中,将该头文件提供给类的使用者,说明类具有哪些功能。类的实现是类中成员函数的具体实现部分。这部分可放在类的外部,单独存放在一个源文件中。该文件可以进行编译,形成一个二进制目标(obj)文件。类的设计者可仅将该目标文件提供给类的使用者,使用者看不到类的实现代码,达到了信息隐藏的目的。类的成员函数在类外定义时,必须在函数名前加上作用域运算符(::),说明函数是属于哪个类的。类的使用者可以建立一个包含主函数(main)的文件,通过嵌入类声明头文件、链接类的实现目标文件,来使用类提供的功能,解决实际问题。

例 5-5 建立三个文件,分别存放长方形 Rectangle 类的声明、类的实现、类的使用。

建立一个头文件 Rectangle.h,存储类的声明:

```
//Rectangle.h file
class Rectangle{
    int m_length;
    int m_width;
public:
    void setLength(int length);
    void setWidth(int width);
    int getLength();
    int getWidth();
    int getArea();
};
```

上述类声明中,通过函数原型声明告知了类具有的功能,具体实现没有暴露。函数名的书写,应能体现函数的具体意义,同一个函数名不同意义之间的单词用大写字母区分。函数形参名也应具体,让类的使用者一目了然。

创建一个源文件 Rectangle.cpp,定义类的实现:

```
//Rectangle.cpp file
#include"Rectangle.h"
#include <iostream>
using namespace std;
void Rectangle::setLength(int len){        //作用域运算符指明函数成员所在的类
    if(len<0){
        cout<<"illegal length.\n";
        exit(1);
    }
    m_length=len;
}
void Rectangle::setWidth(int wid){
    if(wid<0){
        cout<<"illegal width.\n";
        exit(1);
    }
    m_width=wid;
}
int Rectangle::getLength(){
    return m_length;
}
int Rectangle::getWidth(){
    return m_width;
}
int Rectangle::getArea(){
    return m_length * m_width;
}
```

成员函数在类外定义时,在函数名前必须添加类名和作用域运算符(::),如上例中的

```
int Rectangle::getWidth(){…}
```

Rectangle.cpp 文件可单独编译,形成一个 Rectangle.obj 文件,可仅将该文件提供给类的使用者,而不提供 Rectangle.cpp 源代码文件。

最后建立一个类的使用文件 User.cpp

```
// User.cpp 文件
#include"Rectangle.h"        //嵌入头文件
#include<iostream>
using namespace std;
```

```
int main(){
    Rectangle rect;
    rect.setLength(5);
    rect.setWidth(3);
    cout<<"Width of the rectangle is:"<<rect.getWidth()<<endl;
    cout<<"Length of the rectangle is:"<<rect.getLength()<<endl;
    cout<<"Area of the rectangle is:"<<rect.getArea()<<endl;
    return 0;
}
```

在 Visual C++ 6.0 编译环境下,建一个项目(project),将 Rectangle.h 文件与 User.cpp 文件添加到项目,然后编译(compile)User.cpp 文件,形成一个 User.obj 文件,将此文件与 Rectangle.obj 链接(Build)后,形成可执行文件 User.exe。

程序运行结果:

```
Width of the rectangle is:3
Length of the rectangle is:5
Area of the rectangle is:15
```

为了使类的使用更加高效,有时需要改进类成员函数的实现。如果定义类时使用了信息隐藏技术,只要类的对外接口不变,无论类成员函数的实现怎样改动,类的使用者的编码不用做任何改动。就像汽车发动机性能改进后,汽车的使用者即驾驶员照样和往常一样驾驶汽车。下面将例 5-5 中 Rectangle 类的 set 成员函数中的属性合法性检测代码,改为由私有成员函数实现。因此时类的对外接口不变,类的使用者无须改变自己已编写的代码。这是信息隐藏的又一个优点。

例 5-6 将例 5-5 中声明长方形 Rectangle 类的头文件 Rectangle.h、类的实现文件 Rectangle.cpp 进行修改,由私有成员函数实现参数合法性检测。

```
//Rectangle.h 文件
class Rectangle{
    int m_length;
    int m_width;
    void checkLength();               //私有成员函数
    void checkWidth();                //私有成员函数
public:
    void setLength(int length);
    void setWidth(int width);
    int getLength();
    int getWidth();
    int getArea();
};
//Rectangle.cpp 文件
#include"Rectangle.h"
#include <iostream>
using namespace std;
void Rectangle::checkLength(){
```

```
    if(m_length<0){
        cout<<"illegal length.\n";
        exit(1);
    }
}
void Rectangle::checkWidth(){
    if(m_width<0){
        cout<<"illegal length.\n";
        exit(1);
    }
}
void Rectangle::setLength(int len){      // 作用域运算符指明成员所在的类
    m_length=len;
    checkLength();                       //调用类的私有成员函数
}
void Rectangle::setWidth(int wid){
    m_width=wid;
    checkWidth();                        //调用类的私有成员函数
}
int Rectangle::getLength(){
    return m_length;
}
int Rectangle::getWidth(){
    return m_width;
}
int Rectangle::getArea(){
    return m_length * m_width;
}
```

因类 Rectangle 的对外接口不变,所以类的使用文件 User.cpp 与例 5-5 完全一样,不用改变。

为减少函数调用的时间开销,在类体内声明并实现的成员函数,系统自动默认为隐式内联函数。如果成员函数在类外定义,系统不会将其默认为内联函数。若想让类外定义的成员函数作为内联函数,必须用关键字 inline 显式声明。例如:

```
class A{
private:
    int i;
public:
    inline void display();              //声明内联函数
};
inline void A::display(){
    cout<<"i="<<i<<endl;
}
```

内联函数一般代码短小,不含循环语句等复杂控制结构。如果一个函数在类内部定义或显示指定为内联函数,但若函数体结构复杂,实现开销大,系统仍然不会将其作为内联函数,而是将其视为普通成员函数。应当注意的是,如果在类外部显示指定并定义内联函数,则类的声明与内联函数的实现必须放在一个文件中,否则编译时无法进行代码置换。但这样做无法实现类的公用接口与类实现的分离,破坏了信息隐藏原则。从软件工程的角度来看,以内联换取程序执行效率不是一个好办法。

5.5 对象的初始化与消亡

定义了一个变量,意味着分配了内存块,但内存块并未赋值初始化。普通变量在定义时可通过赋值语句进行初始化,但一个类往往设计得相当复杂,类中的数据成员一般限定为私有成员,不能简单地通过赋值语句直接指定对象属性的初始值。那么在创建一个对象时,怎样为数据成员赋初值进行对象的初始化呢? 在前面的示例中,是通过设计一个 set 成员函数,为对象的数据成员赋值。set 成员函数调用时,对象已经创建,并非在对象创建时进行初始化。C++ 有一套机制,在创建对象的同时,进行对象的初始化,这就是构造函数。

5.5.1 构造函数

由于类的复杂性,有必要专门设计一个函数来进行对象的初始化工作。构造函数的作用就是在对象创建时用指定值构造对象,将对象初始化为一个特定的状态。构造函数是在对象创建时,系统自动调用的成员函数。因对象的数据成员一般限定为私有,要为私有成员赋初值,将构造函数设计成类的成员函数是没有异议的。构造函数在创建对象时能被系统自动调用,则构造函数的函数名应具有显著特征,以便与普通成员函数的函数名区别,让系统能够方便地找到。类的名称是再独特不过的一个显著名称。C++ 规定,构造函数的函数名与类名相同,无返回值(void 也不允许)。除此之外,构造函数与普通函数一样,也可以重载,函数参数也可设置默认值。类的设计者一般根据需要,会设计多个不同形式的重载构造函数,完成不同对象的初始化工作,以供类的使用者选用。构造函数是创建对象时调用的,创建对象是在类外部实现的,所以构造函数一般设计为类的公有成员函数。看下面简单的例子:

```
#include <iostream>
using namespace std;
class A{
    int i;
public:
    A(){                //定义无参构造函数
        i=0;
        cout<<"calling default constructor for i="<<i<<endl;
    }
    A(int k){           //定义带参数的构造函数
```

```
            i=k;
            cout<<"calling parameter constructor for i="<<i<<endl;
        }
};
int main(){
    A a1;                  //创建对象,调用无参构造函数
    A a2(8);               //创建对象,调用有参构造函数
    return 0;
}
```

程序运行结果：

```
calling default constructor for i=0
calling parameter constructor for i=8
Press any key to continue
```

结果显示,在创建类 A 的对象 a1 时,系统自动调用无参构造函数 A(),将成员变量 i 初始化为 0;在创建对象 a2 时,系统自动调用有参构造函数 A(int k),用实参 8 将成员变量 i 初始化。

创建有构造函数的类对象的形式为

ClassName object(argument list);

或

ClassName object;

其中,ClassName 为类名,object 为对象名,argument list 为实参列表。在调用构造函数时不给出参数的构造函数,称为默认构造函数。无参构造函数是一种默认构造函数,如果构造函数的全部参数都指定了默认值,创建对象时也可不给出参数,此时的构造函数也可称为默认构造函数。

由于强调对象初始化的重要性,C++ 构建了特定机制,规定创建对象时一定自动调用构造函数。这好像在定义对象的语句后,紧接着插入了构造函数的调用语句,保证对象一旦分配内存,立即用构造函数初始化内存块。C++ 规定,如果程序员没有定义构造函数,编译系统会自动生成一个无参的函数体为空的隐式默认构造函数。这时,当对象创建时,系统自动执行隐式默认构造函数。该函数什么也不做(在有嵌入类或父类时,调用嵌入类或父类的默认构造函数),不执行初始化工作,只是遵循 C++ 的特定机制,例行公事而已。程序员如果定义了构造函数(即使是无参构造函数),编译系统就不再自动生成默认构造函数,创建对象时自动调用程序员定义的构造函数。

C++ 共有三类默认构造函数,一是系统自动生成的默认构造函数,二是用户定义的无参默认构造函数,三是用户定义的参数皆有默认值的构造函数。这三种默认构造函数的调用皆不需要参数,创建对象的形式是一样的。显然一个类只能有一个默认构造函数,否则会出现歧义,编译系统无所适从。应注意两点,一是创建默认构造函数的对象时,对象名后不能加括号。如上例为 A a1,不能写成 A a1(),因 A a1()是返回 A 类型的函数 a1()的声明。二是创建对象的形式,必须与程序员定义的构造函数的形式一致。例如：

```
class A{
    int i;
public:
    A(int k){
        i=k;
    }
};
int main(){
    A a1;           //错！没有定义无参构造函数
    A a2(5);        //ok
    return 0;
}
```

语句"A a1;"编译出错，因用户定义了构造函数 A(int k)，系统就不再自动生成默认构造函数，故用无参构造函数创建对象时，与用户定义的有参构造函数不匹配，系统报错。一般而言，创建对象时要指定初始值，所以设计类时应显式定义有参构造函数；又要兼顾定义简单对象，所以也应显示定义默认构造函数。下面看一个完整的类设计应用的例子。

例 5-7　建立一个日期类，在屏幕上显示出日期。

```
//Create header file:Date.h
class Date{
    int m_year;
    int m_month;
    int m_day;
public:
    Date();
    Date(int year,int month,int day);
    void display();
};
//Create source file:Date.cpp
#include"Date.h"
#include<iostream>
using namespace std;
Date::Date(){
    m_year=2014;
    m_month=1;
    m_day=1;
}
Date::Date(int y,int m,int d){
    m_year=y;
    m_month=m;
    m_day=d;
}
void Date::display(){
```

```
        cout<<m_year<<"-"<<m_month<<"-"<<m_day<<endl;
}
//Create application source file:test.cpp
#include"Date.h"
int main(){
    Date date1,date2(1988,11,28);
    date1.display();
    date2.display();
     return 0;
}
```

程序运行结果：

```
2014-1-1
1988-11-28
Press any key to continue
```

5.5.2　析构函数

做事情要讲究善始善终，有了一个良好的开端，如果最后搞砸了，最终还是失败的，所以最后的检查扫尾工作同样重要。有了构造函数，在创建对象时，系统能够自动调用构造函数来做初始化工作。那么在对象消亡时，是否也应该自动调用一个函数来做扫尾工作呢？C++的析构函数机制，是专门用来在对象消亡时做收尾工作的。与构造函数类似，析构函数是类的一个特殊成员函数，在对象消亡时刻，系统自动调用析构函数。析构函数与类同名，类名前面加上波浪号（～），以示与构造函数的区别。析构函数也没有返回值，且函数参数为空。对象消亡时，系统自动调用析构函数也是C++特定的机制。所以，如果类的设计者没有显式定义析构函数，系统将自动生成一个函数体为空的析构函数，在对象消亡时自动调用，只例行公事，不做任何工作。

如果一个类在不同时刻创建了多个对象，当然先创建的对象先调用自己的构造函数。同样，哪个对象先消亡，则先调用那个对象的析构函数。如果对象在同一时间消亡，则先创建的对象后调用析构函数，后创建的对象先调用析构函数。对象消亡发生在对象变量离开其作用域的位置，具体来讲是在所在块的右大括号（}）的位置。看下面的例子：

```
#include <iostream>
using namespace std;
class A{
    int i;
public:
    A(int k=0){
        i=k;
        cout<<"calling constructor for i="<<i<<endl;
    }
    ~A(){
        cout<<"calling destructor for i="<<i<<endl;
```

```
        }
    };
    void fun(){
        A a(8);                         //创建局部对象
    }                                   //在此位置 a 离开作用域
    int main()
    {
        A a,a1(2);
        fun();                          //函数体内的对象是局部变量,名称不会与外部冲突
        return 0;
    }
```

程序运行结果:

```
calling constructor for i=0
calling constructor for i=2
calling constructor for i=8
calling destructor for i=8
calling destructor for i=2
calling destructor for i=0
```

　　如果程序员没有什么扫尾工作可做,这时没有必要显式定义析构函数。但是在动态释放内存时,必须定义析构函数,做扫尾工作。看下面的例子。

　　例 5-8　建立一个类 Person(人),在屏幕上显示出基本信息。

```
#include <iostream>
using namespace std;
class Person{
    char * namePtr;                     //用字符指针表示字符串
    bool m_sex;                         //取值 true 表示"男"
    int m_age;
public:
    Person(char * name,bool sex,int age);
    ~Person();
    void display();
};
Person::Person(char * p,bool s,int a){
    namePtr=new char[strlen(p)+1];      //动态开辟内存
    strcpy(namePtr,p);
    m_sex=s;
    m_age=a;
}
Person::~Person(){
    delete[] namePtr;
}
void Person::display(){
    if(m_sex)
        cout<<namePtr<<",男,"<<m_age<<"岁 \n";
```

```
    else
        cout<<namePtr<<",女,"<<m_age<<"岁\n";
}
int main(){
    Person ps1("Wang Fang",false,18),ps2("Wang Cheng",true,20);
    ps1.display();
    ps2.display();
    return 0;
}
```

程序运行结果：

```
Wang Fang，女，18岁
Wang Cheng，男，20岁
Press any key to continue
```

在定义类 Person 时，姓名成员为指针类型，在创建 Person 对象时，必须动态开辟内存，进行指针初始化。那么在对象消亡时，应该将动态开辟的内存释放，否则会造成内存泄露，此项工作正好在析构函数内完成。

5.6　对象的赋值与复制

5.6.1　对象的赋值

有时需要用一个对象记录下另一个同类型对象的状态，这时就需要将一个对象的状态全部转移给另一个对象。因为对象的成员变量可能有多个，能否用赋值运算符（＝）一次将对象的状态完全传递给另一个对象呢？C++ 默认赋值运算符具有此功能，对象赋值的形式为

object1=object2;

其中，object1 和 object2 是同一个类的两个对象，此时赋值运算符的作用是将对象object2的所有数据成员逐个赋值给对象 object1 的相应数据成员，但函数成员不进行赋值。也可通过创建临时对象的方式进行对象的赋值，形式为

object =ClassName(argument list);

其中，object 为对象名，ClassName 为类名，argument list 为实参列表，ClassName（argument list）为调用构造函数创建一个无名的临时对象。看下面的例子：

```
#include <iostream>
using namespace std;
class A{
    int i;
    char c;
public:
    A(int j=0,char d=' * '){
```

```
            i=j; c=d;
        }
        void display(){
            cout<<"i="<<i<<'\t'<<"c="<<c<<endl;
        }
    };
    int main(){
        A a1,a2(1,'#');
        a1.display();
        a2.display();
        a1=a2;
        a2=A(2, '@');              //创建无名临时对象
        cout<<"赋值后：\n";
        a1.display();
        a2.display();
        return 0;
    }
```

程序运行结果：

```
i=0      c=*
i=1      c=#
赋值后：
i=1      c=#
i=2      c=@
Press any key to continue
```

上述语句"a2＝A(2，'@')；"中，A(2,'@')是创建一个临时对象,该临时对象通过赋值运算符将其值传递给对象 a2 后,立刻就消亡了。

5.6.2　对象的复制

通过赋值操作能够得到一个对象的副本。赋值运算符左边的对象是一个已经存在的对象,不是赋值时产生的,所以赋值操作并未生成新对象。另一种得到一个对象副本的方法,是创建一个新对象,并用一个已存在的对象将其初始化,这就是对象的复制。对象复制的形式为

ClassName newObject(existObject);

或

ClassName newObject =existObject;

以上两种形式完全等价。其中 ClassName 为类名,newObject 为新生成的对象,existObject为已经存在的对象,语句的功能是创建一个新对象 newObject,将对象 existObject 的属性逐一复制给对象 newObject 的相应属性。例如,上一节中类 A 的例子：

```
int main(){
    A a1;
    A a2(a1);              //用对象 a1 复制对象 a2
    a1.display();
    a2.display();
    A a3=a2;               //用对象 a2 复制对象 a3
    a3.display();
    return 0;
}
```

程序运行结果：

```
i=0        c=*
i=0        c=*
i=0        c=*
Press any key to continue
```

5.6.3 复制构造函数

在讨论复制构造函数之前，先看下面的例子：

```
class A{
    int i;
public:
    A(int k=0){
        i=k;
        cout<<"calling constructor.\n";
    }
    ~A(){
        cout<<"calling destructor.\n";
    }
    void display(){
        cout<<"i="<<i<<endl;
    }
};
int main(){
    A a1,a2(a1);
    a2.display();
    return 0;
}
```

程序运行结果：

```
calling constructor.
i=0
calling destructor.
calling destructor.
Press any key to continue
```

上述结果显示，虽然实现了用对象 a1 复制对象 a2 的目的，但好像创建对象 a2 时没有调用构造函数。然而,创建对象时调用构造函数是 C++ 特有的机制,问题出在哪? 原来系统隐式调用了类的复制构造函数。复制构造函数是类的另一种构造函数,它具有构造函数的所有特征,仅是函数参数是本类对象的引用,其形式为

ClassName(const ClassName& existObject);

形参 existObject 是已存在的对象的引用。复制构造函数的作用是用一个已存在的对象初始化本类的一个新建对象,即完成对象的复制。将上述程序增加如下的复制构造函数:

```
A(const A& existOb){
    i=existOb.i;
    cout<<"calling copy constructor.\n";
}
```

程序运行结果:

```
calling constructor.
calling copy constructor.
i=0
calling destructor.
calling destructor.
Press any key to continue
```

此时创建对象 a2 时,调用了复制构造函数。

类的设计者可以根据具体的设计需要,定义复制构造函数,来实现对象之间属性值的传递。如果类的设计者没有显示定义复制构造函数,系统则会在需要时自动生成一个隐式的复制构造函数。隐式的复制构造函数的功能是逐一将已有对象的成员变量的值赋给新生成对象的相应成员变量,这种复制功能称为"浅"复制。一般而言,隐式复制构造函数大部分情况下能够完成类的对象复制任务,不需要程序员自己定义复制构造函数。但浅复制也不是总能奏效,看下面的示例。

例 5-9 浅复制示例。某工厂生产了一批产品,所有产品质量属性默认为 Good,若检测到某件产品质量有问题,应将质量属性改为 Poor。

```
#include <iostream>
using namespace std;
class Product{
    char * qualityPtr;
public:
    Product(char * q){
        qualityPtr=new char[strlen(q)+1];          //动态开辟内存
        strcpy(qualityPtr,q);
        cout<<"calling constructor.\n";
    }
    void changeQuality(char * newQulity){
    strcpy(qualityPtr,newQulity);
    }
    void display(){
```

```
        cout<<qualityPtr<<endl;
        }
};
int main(){
    Product b1("Good"),b2(b1);                    //用对象 b1 复制 b2 对象
    cout<<"产品检测前:\n";
    cout<<"b1 的质量";
    b1.display();
    cout<<"b2 的质量";
    b2.display();
    cout<<"产品检测后:\n";
    b2.changeQuality("Poor");
    cout<<"b2 的质量";
    b2.display();
    cout<<"b1 的质量";
    b1.display();
    return 0;
}
```

程序运行结果:

```
calling constructor.
产品检测前:
b1的质量Good
b2的质量Good
产品检测后:
b2的质量Poor
b1的质量Poor
Press any key to continue
```

程序首先创建两个对象 b1 和 b2,其中 b2 由 b1 复制得到。由于没有定义类的复制构造函数,所以调用类的隐式复制构造函数,进行浅复制,即简单地值传递。此时 b1 的 qualityPtr 值与 b2 的 qualityPtr 值相等,两者指向同一内存地址,因此产品检测前 b1 与 b2 的质量均为 Good。产品检测后,调用函数 b2. changeQuality("Poor"),将 b2 的质量改为 Poor。由于 b1 的 qualityPtr 值与 b2 的 qualityPtr 值相等,两者指向同一内存块,所以调用函数 b1. display(),显示 b1 的质量也变成了 Poor。显然,这不是原来想要的结果。更糟糕的是,如果类定义了析构函数,用 delete[] qualityPtr 语句释放内存,由于调用两次析构函数,对同一内存块释放两次,程序运行时将崩溃。所以,这时类的设计者应该自己定义复制构造函数,进行"深"复制,程序如例 5-10。

例 5-10 例 5-9 的深复制示例。

```
#include <iostream>
using namespace std;
class Product{
    char * qualityPtr;
public:
    Product(char * q){
```

```
            qualityPtr=new char[strlen(q)+1];
            strcpy(qualityPtr,q);
        }
    Product(const Product& existObj){
        qualityPtr=new char[strlen(existObj.qualityPtr)+1];
                                        //qualityPtr 具有新地址
        strcpy(qualityPtr,existObj.qualityPtr);
    }
    ~Product(){
        delete[] qualityPtr;
    }
    void changeQuality(char * newQulity){
        strcpy(qualityPtr,newQulity);
    }
    void display(){
        cout<<qualityPtr<<endl;
    }
};
int main(){
    Product b1("Good"),b2(b1);//此时 b1.qualityPtr 与 b2.qualityPtr 地址不同
     cout<<"产品检测前:\n";
     cout<<"b1 的质量";
    b1.display();
    cout<<"b2 的质量";
    b2.display();
    cout<<"产品检测后:\n";
    b2.changeQuality("Poor");
     cout<<"b2 的质量";
    b2.display();
    cout<<"b1 的质量";
    b1.display();
     return 0;
}
```

程序运行结果：

```
产品检测前:
b1的质量Good
b2的质量Good
产品检测后:
b2的质量Poor
b1的质量Good
Press any key to continue
```

创建对象 b2 时，调用了自定义的复制构造函数，为新对象开辟了内存地址，这时 b1 与 b2 具有不同的内存地址，因此得到了想要的结果。

一个类有普通构造函数和复制构造函数两种类型，普通构造函数又有多种重载形式。但在创建一个对象时，构造函数只调用一次。最终到底调用哪种类型的构造函数，应视创

建对象的具体情况而定。复制构造函数在下列 3 种情况下被调用。

(1) 当用一个对象去初始化该类的另一个对象时。

(2) 当调用的函数形参是类的对象,在实参传值给形参时。

(3) 当调用的函数返回值是类的对象,在执行 return 语句向调用者传送对象时。

注意第(2)点和第(3)点,函数形参和返回值一定是类的对象,而不是类对象的引用或类指针。看下面的例子:

```cpp
class A{
    int i;
public:
    A(int k=0){
        i=k;
        cout<<"calling constructor for i="<<i<<endl;
    }
    A(const A& existOb){
        i=existOb.i;
        cout<<"calling copy constructor i="<<i<<endl;;
    }
    ~A(){
        cout<<"calling destructor i="<<i<<endl;
    }
};
void fun1(A x){}
A fun2(){
    A y;
    return y;
}
int main(){
    A a1(2);
    fun1(a1);
    A a2=fun2();
    return 0;
}
```

程序运行结果:

```
calling constructor for i=2
calling copy constructor i=2
calling destructor i=2
calling constructor for i=0
calling copy constructor i=0
calling destructor i=0
calling destructor i=0
calling destructor i=2
```

主程序第一条语句调用有参构造函数创建对象 a1。第二条语句调用函数 fun1(A x),其形参是类 A 的对象 x。在生成对象 x 时,调用复制构造函数,将实参 a1 复制给形参 x。由于 x 为局部对象,当 fun1() 调用完毕,x 离开作用域时,对象 x 销毁,此时调用析构函数。第三条语句调用函数 fun2(),首先创建局部对象 y,此时调用默认构造函数;程序执行到"return y;"语句,复制对象 y,将其值传出函数,调用复制构造函数,创建对象 a2;然后对象 y 离开其作用域,调用析构函数。最后 a2、a1 离开作用域,按先创建后调用的顺序分别调用自己的析构函数。

读者是否考虑过这样一个问题:一个对象的成员函数可以直接访问同类的另一个对象的私有成员吗?复制构造函数参数是本类已有对象的引用,在函数体内可以直接使用另一对象的私有成员。复制构造函数的具体实现说明,同类的不同对象的成员函数可以直接互相访问对方的私有成员。再看例 5-11。

例 5-11 定义一个 Circle(圆)类,类中有一成员函数 bool isLargerThan(Circle that),功能是比较两个圆的大小。

```
#include <iostream>
using namespace std;
class Circle{
    float m_radius;
public:
    Circle(float radius=1.0){
        m_radius=radius;
    }
    float getRadius(){
        return m_radius;
    }
    bool isLargerThan(Circle that){
        return (m_radius-that.m_radius)>0;//直接访问本类另一个对象的私有成员
    }
};
int main(){
    Circle circle1(2.0),circle2(8.0);
    if(circle2.isLargerThan(circle1))
        cout<<"circle2 大于 circle1\n";
    else
        cout<<"circle2 小于 circle1\n";
    return 0;
}
```

程序运行结果:

```
circle2大于circle1
Press any key to continue
```

对象 circle2 在成员函数 isLargerThan() 中,直接使用语句 m_radius-that.m_radius 访问了 circle1 对象的私有成员,此时编译能够通过。

下面举一个电视机的例子,说明类的应用。

例 5-12 某顾客欲购买一台电视机,定义电视机类 TV,演示应用。

```
#include <iostream>
```

```
using namespace std;
class TV{
    char brand[20];                //品牌
    float size;                    //尺寸
    int price,volumn,channel;      //价格,音量,频道
    bool isOn;                     //开关状态
public:
    TV(char * pbrand,float size,int price,int volumn=0,int channel=0,bool
state=false);
    char * getBrand();
    float getSize();
    int getChannel();
    int getPrice();
    char * getStatus();            //显示 On 或 Off 状态
    void changeVolumn(int off);    //改变音量
    void upChannel();              //频道增加
    void downChannel();            //频道减小
    void adjustChannel(int cnl);   //换频道
    void turnOn();                 //打开电视
    void turnOff();
};
TV::TV(char * pbra,float s,int pric,int vol,int chnl,bool state){
    strcpy(brand,pbra);
    size=s; price=pric;
    volumn=vol; channel=chnl;
    isOn=state;
}
char * TV::getBrand(){
    return brand;
}
float TV::getSize(){
    return size;
}
int TV::getPrice(){
    return price;
}
char * TV::getStatus(){
    if(isOn) return "On";
    return "Off";
}
void TV::turnOn(){
    isOn=true;
}
void TV::turnOff(){
```

```
        isOn=false;
    }
    int TV::getChannel(){
        return channel;
    }
    void TV::changeVolumn(int off){
        volumn+=off;
    }
    void TV::upChannel(){
        channel++;
    }
    void TV::downChannel(){
        channel--;
    }
    void TV::adjustChannel(int cnl){
        channel=cnl;
    }
    int main ()
    {
        TV tvOne("Hisence",48.5,5800);
        TV tvTwo("TCL",58.5,6800);
        cout<<"I want to buy a TV set.\n";
        cout<<"Ok!"<<tvOne.getSize()<<"cm "<<tvOne.getBrand()<<"'s price is "
        <<tvOne.getPrice()<<" and ";
        cout<<tvTwo.getSize()<<"cm "<<tvTwo.getBrand()<<"'s price is "
        <<tvTwo.getPrice()<<endl;
        cout<<tvOne.getBrand()<<" is "<<tvOne.getStatus()<<".\n";
        cout<<"How about color and resolution? \n";            //色彩与清晰度
        tvOne.turnOn();tvTwo.turnOn();
        cout<<tvOne.getBrand()<<" is turned "<<tvOne.getStatus()<<".\n";
        tvOne.changeVolumn(20);tvTwo.changeVolumn(22);
        tvOne.adjustChannel(10);tvTwo.adjustChannel(11);
        cout<<tvOne.getBrand()<<" is played on "<<tvOne.getChannel()
        <<" channel.\n";
        cout<<tvTwo.getBrand()<<" is played on "<<tvTwo.getChannel()
        <<" channel.\n";
        tvTwo.downChannel();
        cout<<tvTwo.getBrand()<<" is now played on "<<tvTwo.getChannel()
        <<" channel.\n";
        cout<<"Ok,I think "<<tvOne.getBrand()<<" is better.\n";
        tvOne.turnOff();
        cout<<tvOne.getBrand()<<" is now "<<tvOne.getStatus()<<".\n";
        return 0;
    }
```

程序运行结果：

```
I want to buy a TV set.
Ok!48.5cm Hisence's price is 5800 and 58.5cm TCL's price is 6800
Hisence is Off.
How about color and resolution?
Hisence is turned On.
Hisence is played on 10 channel.
TCL is played on 11 channel.
TCL is now played on 10 channel.
Ok,I think Hisence is better.
Hisence is now Off.
```

5.7　对象数组

类是包含属性与方法的封装体，一个类可生成多个对象。若对一个类的所有对象的属性进行访问，或对所有对象施加同样的方法，这时将对象组织成数组无疑是最合适的。定义对象数组的方法与定义普通变量数组的方法一样。定义对象数组时，数组中所有对象都要执行一次构造函数，此时构造函数的设计要格外留心。例如：

```
class A{
    int i;
public:
    A(){
        i=0;
    }
    A(int k){
        i=k;
    }
};
int main(){
    A a[3];              //声明 3 个对象的数组,调用 3 次默认构造函数
    A arr[3]={A(1)};  //调用一次有参构造函数,两次无参构造函数
    A array[3]={A(1),A(2),A(3)};
    return 0;
}
```

主函数中，语句 A a[3]调用 3 次默认构造函数。此时如果类仅定义了有参构造函数，编译将出错。第 2 行语句调用一次有参构造函数，将数组中第一个对象的整型变量初始化为 1，接着调用两次默认构造函数。第 3 行语句调用三次有参构造函数，分别将数组中第一、第二、第三个对象属性 i 的值初始化为 1、2、3。可见，如果在定义数组时不进行初始化，对象将调用默认构造函数，此时类中一般要显示定义默认构造函数。看下面对象数组应用例子。

例 5-13　设计一个员工类（Employee），可以对所有员工加薪，并找出最高薪金员工。

```
#include <iostream>
using namespace std;
class Employee{
```

```
        char ID[10];                    //员工号
        char * namePtr;                 //员工姓名
        float m_salary;                 //员工薪金
    public:
        Employee();
        Employee(char id[],char * name,float salary);
        char * getName();
        float getSalary();
        void growSalary(float add);     //增加 add 数量薪金
        void display();
        ~Employee();
    };
    Employee::Employee(){
        namePtr=NULL;
    }
    Employee::Employee(char id[],char * pN,float s){
        strcpy(ID,id);
        namePtr=new char[strlen(pN)+1];
        strcpy(namePtr,pN);
        m_salary=s;
    }
    Employee::~Employee(){
        delete[] namePtr;
    }
    char * Employee::getName(){
        return namePtr;
    }
    float Employee::getSalary(){
        return m_salary;
    }
    void Employee::growSalary(float d){
        m_salary+=d;
    }
    void Employee::display(){
        cout<<ID<<":"<<namePtr<<",salary:"<<m_salary<<endl;
    }
    int main(){
        Employee employee[3]={Employee("1001","LiJun",2340),
        Employee("1002","ZhaoQin",3450), Employee("1003", "GaoFeng",4560)};
        int i,max=0,count;
        float temp;
        cout<<"加薪前: \n";
        for(i=0;i<3;i++)
            employee[i].display();
        cout<<"加薪后: \n";
        for(i=0;i<3;i++){
```

```
    employee[i].growSalary(600);        //每人加薪 600
    employee[i].display();
    temp=employee[i].getSalary();
    if(temp>max){
        count=i;
        max=temp;
    }
  cout<<"最高工资人员是:"<<employee[count].getName()<<",工资额: "
      <<employee[count].getSalary()<<endl;
    }
  return 0;
```

程序运行结果：

```
加薪前:
1001:LiJun, salary:2340
1002:ZhaoQin, salary:3450
1003:GaoFeng, salary:4560
加薪后:
1001:LiJun, salary:2940
1002:ZhaoQin, salary:4050
1003:GaoFeng, salary:5160
最高工资人员是:GaoFeng, 工资额: 5160
```

也可以在定义数组时不进行初始化，由键盘输入对象数组的值。此时可将先前定义的默认构造函数修改如下：

```
Employee::Employee(){
    cout<<"\n Please enter ID: ";
    cin>>ID;
    cout<<"\n Please enter name: ";
    namePtr=new char[15];
    cin>>namePtr;
    cout<<"\n Please enter salary: ";
    cin>>m_salary;
}
```

将例 5-13 中主函数第一句换成：Empolyee employee[3]，此时将执行默认构造函数。
程序运行结果：

```
Please enter ID: 1001
Please enter name: Zhang
Please enter salary: 1234
Please enter ID: 1002
Please enter name: Wang
Please enter salary: 2345
Please enter ID: 1003
Please enter name: Li
Please enter salary: 3456
加薪前:
1001:Zhang, salary:1234
1002:Wang, salary:2345
1003:Li, salary:3456
加薪后:
1001:Zhang, salary:1834
1002:Wang, salary:2945
1003:Li, salary:4056
最高工资是:Li, 工资额: 4056
```

5.8 指向对象的指针与对象的引用

5.8.1 指向对象的指针

定义了一个变量,系统就为该变量在内存开辟了存储空间,存储空间即对应一个确切的内存地址。变量对应的存储空间可以存储不同的值,但该变量对应的地址是不变的。这时,一个变量具有了变量名(代表内存的内容)和变量的内存地址两个属性。访问一个变量有两种方式:一种是通过变量名直接访问,一种是通过变量的内存地址间接访问。指针变量是用来存储实体的地址值的,间接访问需要通过指针变量来实现。通过改变指针变量存储的值,可使指针指向不同的实体。例如:

```
int a=2,b=8;
int * p=&a;               //指针 p 指向变量 a
cout<< * p<<endl;         //输出 p 地址处内存存储的值
* p=5;                    //将 p 地址处存储的值设置为 5
cout<<"a="<<a<<endl;
p=&b;                     //指针 p 重定向,指向变量 b
cout<< * p<<endl;         //间接访问 b 的内容
```

同样,定义了一个对象后,系统即为对象开辟存储空间,对象也对应着一个内存地址。可以声明一个指向对象所属类的指针变量,通过该指针变量访问对象。指向类的指针变量具有一般指针变量所具有的性质,声明和使用对象指针与一般指针变量类似。声明对象指针的一般形式为

ClassName * pointer;

其中,ClassName 为类名,pointer 为声明的指针名。用指针访问对象成员可以用如下两种形式:

pointer->memberName;

或

(* pointer).memberName;

其中,memberName 为类的公有数据成员和函数成员。看下面的例子:

```
#include <iostream>
using namespace std;
class A{
    int i;
public:
    A(int k=0){
        i=k;
    }
```

```
    void display(){
        cout<<"i="<<i<<endl;
    }
};
int main(){
    A a1,a2(5);
    A* p=&a1;           //声明指针变量 p,指向对象 a1
    p->display();
    p=&a2;              //p 指向对象 a2
    p->display();
    return 0;
}
```

程序运行结果：

```
i=0
i=5
Press any key to continue
```

既然能用对象名直接访问对象,为什么还用指向对象的指针间接作用对象呢? 对象指针主要用来动态创建与销毁对象和作为函数参数来使用。C++默认的函数传递方式为传值调用,如果直接将对象作为函数形参,调用函数时执行的是传值调用。对象的传值调用有如下两个特点。

(1) 在将实参对象的值传递给形参对象时,需要生成一个实参的复制对象,调用复制构造函数接收来自实参的数据。生成复制对象占用内存空间,传递数据耗费执行时间。所以直接用对象作为函数形参,函数调用时空开销大,函数执行效率低。

(2) 由于是传值调用,实参对象与形参对象具有不同的存储空间,函数体内对形参对象的操作丝毫不会影响实参对象。所以无法做到通过函数调用来改变实参的状态。

用指向对象的指针作为函数参数,函数执行的是传址调用。函数调用时,形参使用实参地址,形参与实参指向同一个对象,并没有生成新对象,也没有调用复制构造函数传递对象的属性值,因此函数调用效率较高。此时函数体内对形参的改变实际上是对实参的修改,调用函数能够起到改变实参对象的作用。看下面的例子:

```
#include <iostream>
using namespace std;
class A{
    int i;
public:
    A(){
        i=0;
        cout<<"calling costructor.\n";
    }
    A(const A& existObj){
        i=existObj.i;
        cout<<"calling copy destructor.\n";
```

```
    }
    void set(int j){
        i=j;
    }
    int get(){
        return i;
    }
    void display(){
        cout<<"i="<<i<<endl;
    }
};
void fun1(A a, int x){                    //形参为对象
    a.set(x);
}
void fun2(A& r, int x){                   //形参为对象的引用
    r.set(x);
}
void fun3(A* p, int x){                    //形参为对象指针
    p->set(x);
}
int main(){
    A a;
    cout<<"函数调用前: \n";
    a.display();
    cout<<"对象作为函数参数: \n";
    fun1(a,2);                            //试图通过调用函数改变 a 的状态
    a.display();
    cout< < "对象引用作为函数参数: \n";
    fun2(a,2);                            //通过调用函数改变 a 的状态
    a.display();                          //引用作为参数,调用函数改变了 a 的状态
    cout<<"指针作为函数参数: \n";
    fun3(&a,4);                           //类指针作为参数,调用函数改变了 a 的状态
    a.display();
    return 0;
}
```

程序运行结果:

```
calling costructor.
函数调用前:
i=0
对象作为函数参数:
calling copy destructor.
i=0
对象引用作为函数参数:
i=2
对象指针作为函数参数:
i=4
```

上面程序定义函数,分别用对象、对象引用和指向对象的指针作为函数参数,来赋值

对象的数据成员。当用对象作为实参调用函数时,函数创建了一个实参副本局部对象(调用复制构造函数),对局部对象的数据成员进行了赋值,函数调用结束,局部对象消亡,此时不但因复制实参对象消耗了时间与空间,还没有起到改变实参对象状态的作用。当用对象引用或指针(对象地址)作为实参调用函数时,函数没有创建一个实参副本(没有调用复制构造函数),此时实参与形参对象共用同一地址,不但节省了时间与空间,还可以改变实参对象的状态。

5.8.2　this 指针

如果一个类创建了多个对象,虽然它们分别占据不同的内存地址,存储的数据成员的值可以不同,但它们共享类的成员函数。当不同对象的成员函数引用各自的数据成员时,怎样保证能够引用到指定对象的数据成员呢? 这时通过不同的对象名实际上是传递了指向当前对象的指针,即 this 指针。

每一个成员函数中,都隐含一个特殊的 this 指针,它的值是当前被调用的成员函数所属对象的起始地址,即 this 指针指向正在被成员函数操作的对象。当对象调用成员函数时,编译系统将对象的地址赋给 this 指针,每次成员函数访问对象的数据成员时,都隐式使用了 this 指针。可见 this 指针是作为一个隐式参数传递给成员函数的,也可以显式使用 this 指针。看下面的例子。

例 5-14　设计长方形类,显式使用 this 指针。

```
#include <iostream>
using namespace std;
class Rectangle{
    int m_length;
    int m_width;
public:
    Rectangle(int length,int width);
    int getArea();
};
Rectangle::Rectangle(int l,int w){
    this->m_length=l;
    this->m_width=w;
}
int Rectangle::getArea()
{
    return (this->m_length) * (this->m_width);
}
int main(){
    Rectangle rect1(2,5),rect2(3,6);
    cout<< "first area is "<<rect1.getArea()<<endl;
    cout<< "second area is "<<rect2.getArea()<<endl;
```

```
    return 0;
}
```

程序调用 rect1.getArea() 时,编译系统将 rect1 的地址赋给 this 指针,于是通过 this 指针找到了 rect1 的数据成员,计算出 rect1 的面积;程序调用 rect2.getArea() 时,编译系统将 rect2 的地址赋给 this 指针,于是通过 this 指针找到了 rect2 的数据成员。编译系统能够将 this 指针作为隐式形参完成上述工作,程序员无须显式增加 this 指针。因此上述程序去掉 this 指针,程序运行正常,结果不变。

5.8.3 对象的动态创建与销毁

前面章节中使用的对象,均为静态方式创建,对象的生存期在程序运行之前即由编译系统确定了。若对象是全局对象,其生存期直至程序运行结束;若对象是局部对象,其生存期在对象所在块结束时,即脱离标志块结束的右大括号(})的时刻。这些对象的生存期在程序运行期间是不能随意控制的。但在某些情况下,对象需要在程序运行时灵活控制。若对象所占内存很大,可以在需要时才创建,在使用之后立刻释放其占用的内存空间,这样可以提高内存的使用效率。再如,在程序运行之前无法确定需要创建的对象数目,对象数目是在程序运行期间由用户决定的。上述情况如何处理呢?

C++ 运算符 new 和 delete 可以动态生成和释放变量,对象是一种变量,也可以进行对象的动态创建与释放。动态创建对象的形式如下:

new ClassName;

或

new ClassName(argument list);

其中,ClassName 为类名,argument list 为实参表。若对象创建成功,返回指向对象所占内存首地址的指针,并调用类的构造函数初始化对象。new ClassName 调用默认构造函数,new ClassName(argument list) 调用有参构造函数。若对象不能成功创建,C++ 标准规定程序抛出异常,也允许返回 0。释放由 new 开辟的内存的形式为

delete pointer;

其中,pointer 为 new 运算符返回的指针。delete 运算符在释放对象空间时,调用类的析构函数。看下面的例子:

```cpp
#include <iostream>
using namespace std;
class A{
    int i;
public:
    A(int k=0){
        i=k;
```

```
    }
    void display(){
        cout<<"i="<<i<<endl;
    }
};
int main(){
    A * p=new A;                 //p指向动态创建的无名对象,调用无参构造函数
    p->display();
    delete p;                    //释放 p 指向的内存
    p=new A(8);                  //p指向动态创建的无名对象,调用有参构造函数
    p->display();
    delete p;
    p=new A[3];                  // p 指向对象数组的首地址,调用 3 次无参构造函数
     A * q=p;                    //定义工作指针 q
    for(int i=0;i<3;i++)
        q++->display();
    delete []p;                  //释放 p 指向的数组占用的内存
     return 0;
}
```

程序运行结果:

```
i=0
i=8
i=0
i=0
i=0
Press any key to continue
```

例 5-15 设计点类,由用户决定点的数目及位置,将点显示在屏幕上。

```
#include <iostream>
using namespace std;
class Point{
    int x,y;
public:
    Point(int a=0,int b=0){
        x=a;y=b;
    }
    void setXY(int u,int v){
        x=u;y=v;
    }
    void display(){
        cout<<"("<<x<<","<<y<<")\t";
    }
};
int main(){
    Point * p, * q;
```

```
int num, i, x, y;
cout<<"Enter the number of points:";
cin>>num;
q=p=new Point[num];              //动态创建对象,p用来记录数组的首地址
for(i=0;i<num;i++){
    cout<<"Enter x:";
    cin>>x;
    cout<<"Enter y:";
    cin>>y;
    q->setXY(x,y);
    q++;
}
q=p;                             //q回到首地址
cout<<"共有"<<num<<"个点,其坐标是：\n";
for(i=0;i<num;i++){
    q->display();
    q++;
}
cout<<endl;
delete p;                        //注意,此时 p 与 q 的值不相等
return 0;
}
```

程序运行结果：

```
Enter the number of points:3
Enter x:1
Enter y:3
Enter x:2
Enter y:4
Enter x:6
Enter y:8
共有3个点，其坐标是：
(1,3)    (2,4)    (6,8)
```

程序用对象指针 p 记录对象数组的首地址,其作用一个是输入对象坐标,对象指针 q 移动后,能够找回对象数组的首地址;二是释放内存时,要用到指向内存首地址的指针。

5.8.4　对象的引用

定义了一个变量 x,系统即为该变量在内存中开辟了一个存储空间,变量名 x 就可以表示该存储空间存放的内容。C++ 也可再用一个变量名 r 标识 x 的存储空间,即 r 为 x 的别名,称 r 为 x 的引用,此时 r 与 x 共享同一块内存空间。若 x 为一对象,则 r 即为对象的引用。声明一个对象引用的形式为

ClassName & r=x;

其中,ClassName 为类名,r 为引用变量,被引用的对象为 x。引用变量在声明时,必须指定被引用的对象,此后 r 与 x 绑定,r 不能再引用别的对象。看下面的例子：

```
#include <iostream>
using namespace std;
class Point{
    int x,y;
public:
    Point(int a=0,int b=0){
        x=a;y=b;
    }
    void display(){
        cout<<"("<<x<<","<<y<<")\n";
    }
};
int main(){
    Point p(1,2);
    Point &r=p;              //声明引用变量 r,引用对象 p
    r.display();
    return 0;
}
```

程序运行结果：

```
(1,2)
Press any key to continue
```

对象引用和对象指针类似,主要作为函数形参使用。当函数调用时,形参作为实参的引用,此时形参与实参共用同一块内存,函数调用是引用调用,形参的改变即为实参的改变。当对象引用作为函数形参时,函数调用的时空效率要比对象作为形参时高。因此,设计函数时,一般应当避免直接用对象作为形式参数。

5.9　类的组合

5.9.1　组合的概念

现实世界中,复杂事物是由多个事物组成的,它们之间是整体与部分的关系,整体包含部分。例如,一所大学有多个院系和部门组成,一台计算机由主机和显示器等外设组成。在面向对象程序设计中,大学、院系,计算机、主机都可看成对象,这样就出现了对象中内嵌子对象的情况,这时的内嵌子对象称为成员对象。现实情境反映到类的设计中,就是类的数据成员是另一个类的对象,这种情况称为类的组合或类的复合(composition)。类的组合是类与类之间相互关联的反映,这种关系是包含关系。在设计新类时,把已有类的对象作为类的数据成员,是软件重用的一种重要形式。看下面简单的例子：

```
#include <iostream>
using namespace std;
class A{
```

```
        int i;
public:
    A(int k=0){
        i=k;
        cout<<"A constructor.\n";
    }
};
class B{
    A a;            //类 A 的对象作为 B 类的成员
    int j;
};
int main(){
    B b;            //创建 B 类对象时,自动调用类 A 的默认构造函数
    return 0;
}
```

程序运行结果:

```
A constructor.
Press any key to continue
```

由程序运行结果看出,创建复合类 B 的对象时,系统首先自动创建了 B 包含的内嵌对象 a,调用了类 A 的构造函数。

B 类中包含 A 类的对象成员,应首先定义 A 类,然后定义 B 类。有时两个类相互关联,即 A 类中有 B 类的对象成员,B 类中有 A 类的对象成员,先定义哪个类呢? 这时需要首先用类的引用声明语句声明一个类。类的引用声明只有类名,没有类体,只是简单告知后续程序存在该类。例如:

```
class B;                //引用声明
class A{
    int i;
    B b;
};
class B{
    int j;
    A a;
};
```

5.9.2 组合类的构造函数

组合是一种包含关系,内嵌对象是类的组成部分,所以在创建组合类的对象时,系统自动创建内嵌类的对象,调用内嵌类的构造函数。如果程序员没有显式定义复合类的构造函数,系统会自动生成一个默认构造函数,此构造函数自动调用内嵌对象的默认构造函数。此时若内嵌对象所属类仅定义了有参构造函数,程序编译将出错。如 5.9.1 节的例子,若类 A 的构造函数不是带默认参数值的构造函数,编译将出错。看下面圆类的例子:

```
class Point{
    float x;
    float y;
public:
    Point(float a,float b){
        x=a;y=b;
    }
};
class Circle{
    Point center;
    float radius;
public:
    Circle(Point pt, float r){
        center=pt;           //对象赋值
        radius=r;
    }
};
int main(){
    Point point(1,2);
     Circle circle(point,3);
    return 0;
}
```

上述程序设计的复合类的构造函数是自然想到的形式。但这种形式的复合类的构造函数,在创建 Circle 对象时,系统自动调用了内嵌对象的默认构造函数。但此时内嵌 Point 类没有定义默认构造函数,所以程序编译时出错,添加 Point 类的默认构造函数即可纠正此错误。为避免这种错误,组合类应用一种新形式的构造函数:成员初始化表方式的构造函数。内嵌对象的初始化在成员初始化表中进行,此时根据实际情况调用相应的内嵌对象的构造函数。成员初始化表形式的组合类构造函数的一般形式为

类名(形参表):成员对象名(成员对象所需参数){
　　函数体;
　　}

在类名(形参表)后,插入了冒号和成员对象名(参数),插入的这部分称为成员初始化表。系统在调用构造函数时,首先执行成员初始化表语句,然后执行函数体内的语句。

成员初始化表形式的复合类的构造函数有两种形式:一种是用内嵌对象作为形式参数,另一种是基本数据类型作为形式参数。用内嵌对象作为形式参数的复合类的构造函数形式为

类名(带有内嵌对象的形参表):成员对象名(内嵌对象实参){
　　函数体;
　　}

其中,带有内嵌对象的形参表包括初始化对象成员所需的对象参数和初始化复合类中普通数据成员所需的参数。由于形参表中有内嵌类对象作为参数,所以创建复合类对象时需要事先创建内嵌对象。例如,上例的复合类"圆",其构造函数形参为点 Point 类型的对象或对象的引用来表示圆心,以及 float 类型的参数表示半径。

不用内嵌对象而用基本数据类型作为形参的复合类构造函数的形式为

```
类名(总形参表):成员对象名(成员对象所需参数){
    函数体;
}
```

其中,总形参表包括初始化对象成员所需的所有参数和初始化复合类中普通数据成员所需的参数。因总形参表中没有成员类的对象作为参数,所以创建复合类对象时不用事先创建内嵌对象。例如,上例的复合类"圆",其构造函数形参为初始化点 Point 类型的圆心对象所需要的两个 float 型的参数,以及一个表示半径的 float 类型的参数。

如果一个组合类中含有两个以上对象成员,组合类构造函数的成员初始化表应包括所有子对象的初始化,它们之间用逗号分开,即:

```
类名(形参列表):成员对象名1(参数),成员对象名2(参数),…{
    函数体;
}
```

其中,成员初始化表中的成员对象名 1(参数)、成员对象名 2(参数)的顺序可以任意,但成员对象的初始化顺序是按照对象成员在组合类中声明的先后顺序进行,与成员初始化表中成员对象出现的顺序无关。看下面的例子:

```cpp
class A{
    int i;
public:
    A(int s=0){
        i=s;
        cout<<"A constructor.\n";
    }
    A(A& exista){
        i=exista.i;
        cout<<"A copy constructor.\n";
    }
    ~A(){
        cout<<"A destructor.\n";
    }
};
class B{
    int j;
public:
    B(int t=0){
```

```
            j=t;
            cout<<"B constructor.\n";
        }
    B(B& existb){
            j=existb.j;
            cout<<"B copy constructor.\n";
        }
    ~B(){
            cout<<"B destructor.\n";
        }
};
class C{
    A a;
    B b;            //首先声明对象 a,然后声明对象 b
    int k;
public:
    C(int u,int v,int w):a(u),b(v){                    //形参为基本数据类型
        k=w;
        cout<<"C constructor.\n";
    }
    C(A& obja, B& objb, int w): b(objb), a(obja){      //注意成员初始化表中对象的顺序
        k=w;
        cout<<"C constructor.\n";
    }
    ~C(){
        cout<<"C destructor.\n";
    }
};
int main(){
    {
        C c1(2,5,6);                //没有事先创建成员对象
    }                               //在此处局部对象 c1 消亡
    cout<<"首先生成成员对象,再创建复合对象\n";
    A oa;                           //创建 A 的对象 oa
    B ob(5);                        //创建 B 的对象 ob
    C c2(oa,ob,8);                  //用已创建的对象初始化复合对象 c2 的对象成员
    return 0;
}
```

程序运行结果：

```
A constructor.
B constructor.
C constructor.
C destructor.
B destructor.
A destructor.
首先生成成员对象，再创建复合对象
A constructor.
B constructor.
A copy constructor.
B copy constructor.
C constructor.
C destructor.
B destructor.
A destructor.
A destructor.
Press any key to continue
```

　　创建局部复合对象 c1 时，首先创建内嵌对象。c1 离开所在块时消亡，调用 C 的析构函数。构造复合对象 c2 时，是用已存在的对象初始化其成员对象，所以应首先生成对象成员 oa 和 ob，然后由对象成员创建复合对象 c2。在创建复合对象 c2 时，要首先创建内嵌对象 a 和 b，调用类 A、B 的复制构造函数对其进行初始化，然后执行类 C 的构造函数函数体，对 k 进行初始化。创建对象 c1 时，没有对象成员作为参数，可直接生成 c1，此时没有调用类 A、B 的复制构造函数。注意，类 C 的第二个构造函数中，成员初始化表中初始化对象的顺序是 b 在先 a 在后，但因类 C 中对象 a 声明在先，所以首先自动创建对象 a，调用 a 的复制构造函数。对象的创建与消亡次序正好相反，所以析构函数的调用顺序与构造函数相反。

　　类是一种数据类型，对象是类的变量，C++ 将固有基本数据类型的变量也看成对象，所以构造函数的成员初始化表中也可包含基本数据类型变量的初始化，此时构造函数的函数体可为空。例如上述类 C 的构造函数可写成：

```
C(int u, int v, int w): a(u), b(v), k(w){}
```

其中，k 为 int 型的变量，也可放在成员初始化表中进行初始化。

5.9.3　组合类的应用

　　下面看组合类应用的实例。

　　例 5-16　设计一个圆类，圆心为点类的对象，判定一个点与圆的位置关系。

```
// file1: Point.h. 建立点类头文件
class Point{
    float x;
    float y;
public:
    Point(float a=0.0,float b=0.0);
    float getX();
    float getY();
```

```
        void display();
};
// file2:Circle.h.
#include"Point.h"
class Circle{
    Point m_center;
    float m_radius;
public:
    Circle(float x,float y,float radius);      //形参为基本数据类型,没有 Point
                                                //类型对象
    Circle(Point& center,float radius);         //形参为 Point 类型对象的引用
    Point getCenter();
    float getRadius();
    float area();
    bool isInCircle(Point& point);              //判断点 point 是否在圆内
    void display();
};
//file3:Point.cpp
#include"Point.h"
#include <iostream>
using namespace std;
Point::Point(float a,float b){
    x=a;y=b;
}
float Point::getX(){
    return x;
}
float Point::getY(){
    return y;
}
void Point::display(){
    cout<<"x="<<x<<",y="<<y<<endl;
}
//file4:Circle.cpp
#include"Circle.h"
#include <cmath>
#include <iostream>
using namespace std;
Circle::Circle(float a,float b,float r):m_center(a,b){
    m_radius=r;
}
Circle::Circle(Point& pt,float r):m_center(pt){
    m_radius=r;
}
```

```cpp
Point Circle::getCenter(){
    return m_center;
}
float Circle::getRadius(){
    return m_radius;
}
bool Circle::isInCircle(Point& pt){
    float deltaX,deltaY,dist;
    deltaX=m_center.getX()-pt.getX();
    deltaY=m_center.getY()-pt.getY();
    dist=sqrt(deltaX*deltaX+deltaY*deltaY);
    if(dist>m_radius)
        return false;
    else
        return true;
}
void Circle::display(){
    cout<<"圆心:";
    m_center.display();
    cout<<"半径:"<<m_radius<<endl;
}
//file5:main.cpp
#include"Circle.h"
#include <iostream>
using namespace std;
int main(){
    Circle c(1.0,2.0,10.0);                      //没有事先创建 Point 类型的圆心对象
    c.display();
    Point center(2.0,3.0),point(5,6);            //事先创建 Point 类型的圆心对象
                                                 //center
    Circle c1(center,5.0);                       //圆心对象 center 作为实参传递
    c1.display();
    if(c1.isInCircle(point))
        cout<<"点 ("<<point.getX()<<','<<point.getY()<<')'<<"在圆内\n";
    else
        cout<<"点 ("<<point.getX()<<','<<point.getY()<<')'<<"在圆外\n";
    return 0;
}
```

程序运行结果:

```
圆心:x=1,y=2
半径:10
圆心:x=2,y=3
半径:5
点(5,6)在圆内
```

上例定义了两种 Circle 类的构造函数,一种是内嵌的 Point 类对象的引用作为形式

参数,即 Circle(Point& pt,float r),此时创建对象 c1 时必须事先创建圆心对象 center。另一种是不用内嵌对象的作为形式参数的构造函数,即 Circle(float a,float b,float r),此时创建对象 c 时不必必须事先创建 Point 型的圆心对象。

5.10 字符串类

C++ 没有将字符串作为基本数据类型,因此不能将运算符直接应用于字符串的操作,要进行字符串的操作必须通过库函数来完成。为方便起见,C++ 标准类库提供了专门处理字符串的类 string。类 string 封装了字符串的属性和对串处理所需的函数,使用类 string 需要包含头文件 string。下面简要说明类 string 的应用。

1. 构造函数

类 string 重载了多个构造函数,分别对应不同形式的字符串变量定义。

```
string();                  //默认构造函数,定义一个长度为 0 的串
string(const char * s);    //用 s 指向的字符串常量来初始化 string 类型的串
string(const string& str); //复制构造函数,用 str 复制出新串
```

例如:

```
string str1;
string str2("hello,world!");
string str3(str2);
```

2. string 类的操作符

string 类重载了许多操作符,可以方便地进行多种字符串的操作,具体如表 5-1 所示。

表 5-1 字符串操作符

操作符	示例	功能说明	操作符	示例	功能说明
+	s+t	连接串 s、t 成一个新串	<	s<t	判定 s 是否小于 t
=	s=t	将 s 更新为 t	<=	s<=t	判定 s 是否小于等于 t
+=	s+=t	将 s 更新为 s+t	>	s>t	判定 s 是否大于 t
==	s==t	判定 s 与 t 是否相等	>=	s>=t	判定 s 是否大于等于 t
!=	s!=t	判定 s 与 t 是否不等	[]	s[i]	访问 s 中下标 i 的字符

3. string 类的常用成员函数

类 string 有丰富的成员函数,适用于多种字符串操作。下面仅列出几个常用的成员函数,读者可通过联机帮助查找所需的其他成员函数。

```
string append(const char * str);          //将串 str 连到串尾
```

```
int compare(const string& str) const;
//比较两串的大小:相等返回 0,大于 str 返回正数,小于 str 返回负数
string substr(unsigned int pos, unsigned int n) const;
//取子串:返回从 pos 开始的 n 个字符构成的字串
unsigned int length() const;                   //返回串的长度
unsigned int find(const string& str) const; //返回第一次出现串 str 的位置
```

例 5-17 类 string 的应用。

```
#include <iostream>
#include <string>
using namespace std;
int main(){
    string str1="we";
    string str2("programming");
    cout<<"programming 的长度是"<<str2.length()<<endl;
    string str3;
    str3=str1+" are "+str2;
    cout<<str3<<endl;
    return 0;
}
```

5.11 类的静态成员

5.11.1 静态数据成员

　　一个类可以生成多个不同状态的对象,这些对象的数据成员占有内存的不同存储区,这时数据成员是隶属于各自对象的,是实例属性。在某些情况下,不同对象的某个或某些数据成员具有相同的值,这些成员反映的是整个类的特征,而非某个具体对象的特征。例如,一个学生类,学生的班级属性、某门课全班的总分和平均分,这些属性应该反映的是学生这个集体,即学生类,而非某个具体学生对象。再如一些长方体,它们具有相同的高度,此时高度这个属性是类属性,而非实例属性。这时设计类时,高度这个属性可为所有的对象共享,不必将这个共有属性在每个对象中都保存一份,整个类在内存中保存一个副本即可。使用全局变量可实现共享,但这样会出现两个问题:一是安全性,全局变量在程序的任何地方都可随意修改;二是名字冲突问题,全局变量容易发生命名冲突。类中的成员可设置访问限制,且具有类作用域,不会与类外同名成员发生名字冲突。因此,可用类的静态数据成员实现共享。

　　静态数据成员具有程序生存期,不属于任何一个对象,不随对象的生灭而生灭。静态数据成员可声明为 public、protected 和 private 类型,并遵从访问限制,在声明时用关键字 static 说明。静态数据成员在类的内部声明,在类的外部定义并初始化,在初始化时给静态成员分配内存空间。所以静态数据成员的初始化,不应在声明类的头文件中,应在类的

实现文件中进行。静态成员的一个典型应用是统计对象的数目,例如:

```
#include <iostream>
using namespace std;
class Point{
    float x,y;
    static int count;                   //定义类的静态数据成员
public:
    Point(float a=0,float b=0):x(a),y(b){
        count++;
    }
    ~Point(){
        count--;
    }
    void show(){
        cout<<"the number of Point is "<<count<<endl;
    }
};
int Point::count=0;                     //静态成员初始化语句,加类名和作用域限定符
int main(){
    Point pt1;
    Point * p=new Point(1,2);
    p->show();
    delete p;
    pt1.show();
    return 0;
}
```

程序运行结果:

```
the number of Point is 2
the number of Point is 1
Press any key to continue
```

　　在类中仅是对静态成员的声明,在类的外部对静态成员进行定义并初始化,初始化时不加关键字 static,但要加类名限定,此时对静态成员开辟内存空间。因静态成员是类属性,在对象生成之前就存在,所以不能在构造函数中对静态成员初始化。在上例中,count为类的私有成员,在类的外部进行了赋值。是否在类的外部也能随意访问类的私有成员呢? 不是的,因静态成员初始化语句仅执行一次,语句中有类型说明符 int,且不在任何函数内部定义,所以编译系统能够认定是初始化语句。除类的成员函数外,在其他任何函数中直接访问类的静态私有成员皆非法。

5.11.2　静态函数成员

　　一般成员函数访问的是具体对象的属性,每个成员函数都隐含一个指向当前对象的this 指针。静态数据成员反映的是类属性,而非某个具体对象的属性。类属性应由属于

类的成员函数访问,这就是静态成员函数。声明一个静态成员函数需要在函数声明前加上关键字 static,在类的外部实现函数时,不需要加 static 关键字。静态成员函数为访问静态数据成员而设立,是属于类的函数,因此没有 this 指针。静态成员函数只能访问类的静态成员,不能访问非静态成员。调用公有静态成员函数时,应用类名加作用域限定符实现,即

类名::函数名(实参表);

也可像普通成员函数一样用对象名调用静态成员函数,此时对象名只起到类的标识作用。

例 5-18 销售员的佣金是销售额一定比例的提成,计算所有销售员的总提成额与平均每人提成额。

```cpp
#include <iostream>
#include<string>
using namespace std;
class Salesman{
        char name[10];              //销售员姓名
        int saleCount;              //销售物品数量
        float price;                //物品单价
        float percentage;           //提成比例
        float commission;           //提成佣金
        static int count;           //销售员总数
        static float totalSalary;   //总提成额
public:
        Salesman(char nm[],int sCount,float prc,float pctg{
            strcpy(name,nm);
            saleCount=sCount;
            price=prc;
            percentage=pctg;
            commission=price * saleCount * pctg;
            totalSalary+=commission;
            count++;
        }
        static float getAverage(){
            return totalSalary/count;
        }
        static void show(){
            cout<<"共有"<<count<<"名销售员,提成总额是"<<totalSalary<<endl;
        }
};
int Salesman::count=0;              //初始化静态成员
float Salesman::totalSalary=0.0;
int main(){
    Salesman sman[] = {Salesman("Li",4,100,0.5),Salesman("Wang",3,200,
```

```
0.4),Salesman ("Liu",2,300,0.3)};
    Salesman::show();                //通过类名调用静态成员函数
    cout<<"平均每人提成"<<Salesman::getAverage()<<endl;
    return 0;
}
```

程序运行结果：

```
共有3名销售员，提成总额是620
平均每人提成206.667
Press any key to continue
```

程序中初始化静态数据成员与调用静态成员函数都用类名和作用域限定符实现。

5.12 类的友元

5.12.1 友元函数

将类中的数据成员设为私有,则在类的外部无法直接访问这些私有成员,必须通过类的成员函数进行访问,这样做保证了数据的安全性。但通过成员函数访问类的成员,增加了程序开销,降低了程序执行效率。如果一个普通函数需要频繁地访问一个类的私有成员,怎样在安全性和效率之间找到一个平衡呢? C++ 设计了友元函数机制,将一个普通函数声明为类的朋友,即可访问类的私有成员。这样做虽然破坏了安全性,但提高了访问效率。对一个要频繁访问的朋友可以冒一定的危险,换来访问效率。例如,一个点类和一个计算两点间距离的函数,显然将距离函数设计成点类的成员函数,未免牵强;若设计成普通函数,在计算多个点两两之间的距离时,只能通过成员函数间接访问点的坐标,又带来诸多不便。这时,可将距离函数声明为点类的友元函数,距离函数在计算两点之间的距离时,即可直接访问点的坐标,这样方便了计算,提高了效率。用关键字 friend 声明友元函数,但应注意,友元函数并不是该类的成员函数,友元函数可以是普通全局函数或另一个类的成员函数。

例 5-19 用友元函数计算两点间的距离。

```
#include <iostream>
#include <cmath>
using namespace std;
class Point{
    double x,y;
public:
    Point(double a=0.0,double b=0.0){
        x=a;y=b;
    }
    friend double dist(const Point& point1,const Point& point2);//在类中声明
                                                    //友元函数
};
```

```
double dist(const Point& p1, const Point& p2){
    double delta1,delta2,dist;
    delta1=p1.x-p2.x;                    //友元函数可直接访问类的私有成员
    delta2=p1.y-p2.y;
    dist=sqrt(delta1 * delta1+delta2 * delta2);
    return dist;
}
int main(){
    Point pt1(1.0,2.0),pt2(2.0,3.0);
    cout<<"两点之间的距离是"<<dist(pt1,pt2)<<endl;
    return 0;
}
```

程序运行结果：

```
两点之间的距离是1.41421
Press any key to continue
```

程序中,因全局函数 double dist()声明为点 Point 类的友元函数,该全局函数在 Point 类的外部直接访问了其私有成员变量 x、y,使计算两点间的距离变得简洁、高效,但这是失掉一部分安全性为代价的。

5.12.2 友元类

可以在一个类中声明另一个类为友元类,则友元类中的所有成员函数都成为该类的友元函数。声明友元类的语句为

```
class B{
    ...
    friend class A;
};
```

此时 A 类中的所有成员函数都是 B 类的友元函数,A 类中的成员函数可以直接访问 B 类中的私有成员。声明 A 类是 B 类的友元类,并不意味着 B 类也是 A 类的友元类,它们之间的关系仅是单向关系。

友元关系增加了程序的共享性,所以提高了编程和程序运行效率,但使类的私有成员完全暴露,破坏了面向对象的封装性和信息隐藏原则,丧失了一定的安全性,因此应尽量少使用友元。只有在频繁调用某函数访问类的私有成员的情况下,才可使用友元来提高程序的效率。

5.13 共享数据的保护

5.13.1 常函数成员

有些成员函数对数据成员的访问仅仅需要读操作,并不需要修改数据成员。为了在

语法上保证这类只读函数不会修改类的数据成员，C++将这种函数设置成类的常成员函数。声明一个常成员函数，需要在函数声明尾部加上关键字const，形式如下：

returnType funName(parameter list) const;

其中，returnType为函数返回类型，funName为函数名，parameter list为形参，const为定义常函数的关键字。注意，const为函数类型的一部分，在函数实现部分也要有const关键字。有无const的两个同名函数视为重载函数。常成员函数不能改变对象的状态，即在函数体内，对象属性不能作为左值出现，否则编译会报错。一个良好的习惯是把所有不改变对象属性的成员函数都定义为常成员函数，在语法机制上确保数据的安全性。看下面的列子：

```
#include <iostream>
using namespace std;
class Time{
    int hour,minute,second;
public:
    Time(int hr,int mnt,int scd){
        hour=hr;
        minute=mnt;
        second=scd;
    }
    void setTime(int newHour,int newMinute,int newSecond);
    void show()const;                //声明常成员函数
};
void Time::setTime(int h,int m,int s){
    hour=h;
    minute=m;
    second=s;
}
void Time::show() const{             //常成员函数的实现
    cout<<hour<<":"<<minute<<":"<<second<<endl;
}
```

上述函数show()不修改数据成员，因此定义成常成员函数。如果在函数体内添加对数据成员的赋值语句，编译将出错。

5.13.2 常对象

一个量用const定义为常量，意味着其值在初始化后就不能再改变，语法上的保证是该常量符号不能成为左值，即不能出现在赋值符号的左边。有时一个对象一经建立，其状态将永远保持不变，直至其消亡。这时可将状态永远保持不变的对象声明为常对象。常对象的声明形式为

```
className const objectName(argument list);
```
或
```
const className objectName(argument list);
```

其中,const 为关键字,className 为类名,objectName 为对象名,argument list 为实参表。因编译系统不易判定类的非常成员函数是否企图修改数据成员,因而 C++ 将非常成员函数一律视为有修改类的数据成员的试图,而类的常成员函数不会改变对象的状态,所以从安全性出发,C++ 规定常对象不能调用所有非常成员函数,只能调用常成员函数。看下面的例子:

```
#include <iostream>
using namespace std;
class Date{
    int year,month,day;
public:
    Date(int yr,int mth,int dy){
        year=yr;
        month=mth;
        day=dy;
    }
    int setYear(int newYear){
        year=newYear;
    }
    void display()const{                  //定义常成员函数
        cout<<year<<"-"<<month<<"-"<<day<<endl;
    }
};
int main(){
    const Date NationalDay(1949,10,1);
    NationalDay.setYear(1950);            //Error!Try to modify const object's
                                          //attribute
    cout<<"中华人民共和国成立于:";
    NationalDay.display();
    return 0;
}
```

程序中,对象 NationalDay 被声明为常对象,语句 NationalDay. setYear(1950)试图修改常对象的值,编译出错。void display()const 为常成员函数,常对象可以调用。

5.13.3 常数据成员

有时一个对象一经建立,对象的某些属性就不会改变,例如,一个人的生日、肤色、性别等。这时可将这一属性声明为常量。因常量要始终保持其初始值,所以包含常数据成员的对象在创建时一定要初始化,这要求必须显式定义类的构造函数。又因常数据成员的值不能改变,即不能成为左值,因此在构造函数中,常数据成员不能通过赋值语句得到初始值,常数据成员的初始化只能在成员初始化表中进行。看下面的例子:

```cpp
#include <iostream>
using namespace std;
class Person{
    char * name;
    const char sex;                    //声明常数据成员
public:
    Person(char * nm,char s):sex(s){   //sex 常数据成员的初始化
        name=new char[strlen(nm)+1];
        strcpy(name,nm);
    }
    void display()const{               //常成员函数访问常数据成员
        cout<<name<<":"<<sex<<endl;
    }
};
int main(){
    Person ps("Wang",'f');
    ps.display();
    return 0;
}
```

同常对象一样,C++ 一律不允许非常成员函数访问常数据成员,仅能通过常成员函数进行访问,但常成员函数既可访问常数据成员,又可访问普通成员。

通过常对象和常数据成员的语法可以看出,应该将类的只读成员函数声明为常成员函数,否则,一旦声明了常对象和常数据成员,将无法调用这些成员函数。

5.13.4　对象的常引用作为函数参数

对象的引用是对象的别名,引用与被引用的对象共用一块内存,对引用的修改意味着改变被引用对象的状态。如果将一个对象实参传递给引用作为形参的某函数,而函数调用不改变实参对象的状态时,可在函数定义时将函数形参声明为对象的常引用,这样就在语法机制上保证了实参对象不被修改。类的复制构造函数形参即是对象的常引用,确保在复制对象的过程中,不对原对象做意外修改。一个良好习惯是,如果函数的形参是对象的引用,而函数不会修改引用参数,则将函数形参声明为对象的常引用。例如,设计一个比较圆形和长方形面积大小的函数,应将圆形和长方形类的引用作为函数的形式参数。比较圆形和长方形的面积,不需要改变圆形和长方形对象的状态,因此可将形式参数设为对象的常引用:

```cpp
bool isAreaLarger(const Circle& circle, const Rectangle& rect);
```

这样就从语法机制上保证了实参对象的安全。

5.14 小结

抽象是面向对象技术的显著特点,类是一种抽象的数据类型。抽象数据类型不仅包含属性特征(即数据成员),还包含行为特征(即对这些数据的操作)。声明一个类,即是说明类中具有哪些数据成员和哪些功能函数。

封装与信息隐藏是面向对象技术的另一显著特征。将类中的数据成员设为私有成员,在类的外部不能直接访问这些私有成员,使类的数据成员得到有效保护。将类中的某些成员函数设计为类的公共接口,类中的私有成员只能通过这些公共接口进行访问,且仅将接口的功能提供给类的使用者,接口功能如何实现对用户(类的使用者)是隐蔽的,这样既保护了类的安全,又使在接口功能不变时,类功能的改进不影响用户的使用。类中的成员设置为私有访问属性和类声明与实现的分离,充分体现了类的封装与信息隐藏特征。

鉴于对象初始化的重要性,C++ 专门设计了构造函数来初始化对象。构造函数在对象创建时被自动调用来将对象初始化为一个特定的状态。构造函数除函数名与类名相同且无返回值外,与普通函数一样定义,可以重载,函数参数可以设置默认值。类的设计者一般提供多个重载构造函数供用户选用。

可以用一个已存在的对象复制出本类的一个新对象,此时调用类的复制构造函数。可以将一个对象的状态通过赋值运算符传递给本类的其他对象,此时只是对象属性值的传递,并未产生新的对象,因此不调用任何构造函数。

当调用以对象指针和对象引用作为形参的函数时,实参与形参共用一个内存空间,不生成形参对象,不调用任何构造函数,此时函数调用效率较高。

类的组合是软件重用的重要方式,组合关系是包含关系。当创建复合类的对象时将自动调用内嵌对象的构造函数,此时复合类的构造函数应设计成对象初始化表形式。

类的静态数据成员是表示类的特征的,类的静态函数成员是为类服务的,因此类的静态成员不依附于任何对象,可以通过类名访问。

类的常数据成员、常对象和常成员函数,皆因对象的属性一旦初始化就不想改变而设计。此时任何改变对象状态的企图都视为非法,因此对象的属性值不能成为左值,初始化常对象必须用成员初始化表方式。对象的常引用作为函数的形式参数,能够保证调用函数时不会改变实参对象的状态。一个良好的习惯是,将不会改变实参对象状态的函数都设计成对象的常引用作为形式参数。

习　　题

1. 关键字 private 的意义是什么?
2. 类的设计者是否可以不定义析构函数?
3. 什么是默认构造函数?
4. 构造函数是否可定义为类的私有成员?

5. 复制构造函数起什么作用,在什么情况下应定义复制构造函数?

6. const 成员函数与不加 const 时有什么区别?

7. 设计 Cat 类,类属性为 sex 和 age,成员函数为设置属性和得到属性,成员函数在类的内部实现。

8. 设计一个银行账户类 BankAccount,类属性为姓名、账号和余额,函数成员为设置属性和得到属性,成员函数在类的内部实现。

9. 将第 8 题增加构造函数,将类方法在类的外部通过域运算符实现。

10. 将本章的日期类 Date 增加一个测试属性值合法性的私有成员函数。

11. 将第 8 题增加两个方法"存款"和"取款"。

12. 将第 7 题增加构造函数和静态数据成员 count、静态函数成员 getCount(),count 表示对象的数目,getCount()能够获得对象数目,将类方法在类的外部通过域运算符实现。在主函数中建立对象数组,测试类的应用。

13. 设计一个有理数类,属性为两个整型成员变量 numerator(分子)和 denominator(分母),方法为 add(执行两个有理数的加法)、subtract(执行两个有理数的减法)、multiply(执行两个有理数的乘法)、divide(执行两个有理数的除法)。

14. 根据收音机的用途,自行设计一个收音机类,参考属性可以为品牌、型号、生产商、价格、生产日期、接收频率、音量、开关状态,方法可为开机、关机、调台(频率)、增大音量、减小音量等。

15. 设计组合类 Person(人),属性为姓名、性别、出生日期(birthdate)、身高、体重,其中出生日期 birthdate 是"日期类"Date 的对象,类方法自行设计。

第6章 继 承

继承是面向对象技术最重要的特征,它使大规模的软件重用成为可能,这也是面向对象语言成为当今流行的软件开发语言的主要原因。有了继承机制,人们在设计新类时,就可以利用已有类的功能,通过添加新的功能得以实现,而不是一切从头开始。

6.1 继承与派生的概念

继承与发展是生物界普遍存在的现象,生物的后代继承了祖先的特征,自己也具有一些区别祖先的新特征。孩子的长相似父母,是孩子继承了父母的特征。此外,孩子也具有了许多不同于父母的新特征。人类社会也是后人不断继承前人的经验,通过创新一步步向前发展的。

人类对事物的认识是从具体到抽象、逐渐深化的。类与对象的概念反映了群体与个体间共性与个性的关系。继承性能够很好反应群体与群体之间共性与个性的关系。例如,牛、马都是胎生动物,都具有胎生动物的共性;鸡、鸭都是卵生动物,都继承了卵生动物的特征。卵生动物和胎生动物都是动物,都具有动物的特征。它们之间的这种关系如图6-1 所示。

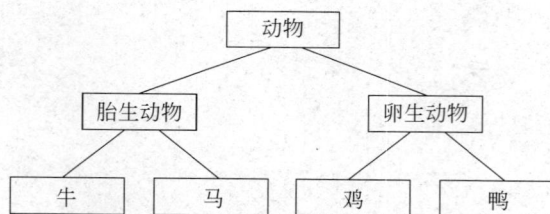

图 6-1 继承的层次结构

从图 6-1 可以看出,上述继承关系具有明显的层次结构,上层与下层的关系是共性与个性的关系,下层继承了上层的特征。

面向对象技术充分利用人类与自然界的这种继承关系,设计了类的继承机制,将现有已存在的类继承过来,并添加新代码加以扩充,建立新类来解决问题。类的继承机制是面向对象程序设计的重要特征,是软件复用的重要形式。类的继承机制使大规模的代码重用成为可能,大大提高了软件开发效率。

类的组合也是代码重用的一种形式,组合类之间的关系是整体与部分之间的关系,称为 has-a 关系。例如,汽车与发动机之间的关系是组合关系,汽车有发动机,但汽车与发动机不属于相同的类型。

继承关系是群体间共性与个性的关系,称为 is-a 关系。马与哺乳动物是一种继承关系,马可以归为哺乳动物类。一个新类继承了原有类,原有类称为基类或父类,新类称为派生类或子类。子类获得父类的特性是继承,父类产生子类是派生。如果一个类只有一个基类,称为单继承;如果有多个基类,称为多继承。由于技术原因,面向对象的多继承存在歧义,本书只做简单介绍。类 A 派生出类 B,类 B 可继续派生出子类 C,这称为多级派生。类 A 分别称为 B 的直接基类和 C 的间接基类;派生类 B 称为 A 的直接派生类,类 C 称为类 A 的间接派生类。一个父类可以产生出多个子类,每一个子类又可以作为父类产生出多个新的子类。这样通过层层繁衍,就产生了类的家族,形成了类的继承层次结构。在类的层次结构中,下层继承了上层的所有特征,同时又扩充了一些新的特征。

6.2 派生类的声明

派生类是在基类的基础上建立的,因此建立一个派生类必须指明基类。声明派生类的一般形式为

```
class DerivedName :[inheritType] BaseName{
    newly added members;
};
```

其中,class 为声明类的关键字,DerivedName 为新建的派生类名;inheritType 为派生方式,共有 public、protected 和 private 3 种方式,派生方式为可选项,默认为 private 方式;BaseName 为基类名;newly added members 为派生类新增加的成员。声明一个派生类与声明一个普通类类似,只是用冒号(:)指明了所继承的基类。

声明一个派生类后,派生类就继承了基类全部的数据成员和函数成员(不包括构造函数和析构函数),这样派生类的成员由两部分组成,一部分是从基类继承的成员,另一部分是派生类新增加的成员,如图 6-2 所示。

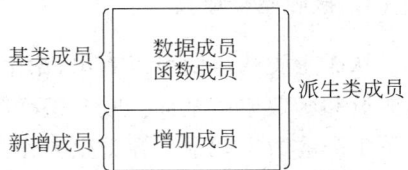

子类由父类派生而来,子类作为父类又可派生子类,这样一直派生下去,就形成了一个类族,子类从父类继承来的特征又被其子类所继承,最后的子类就具有了直接父类和所有间接父类的特征,这样子类的功能大大扩充了。

图 6-2 派生类成员组成

看下面声明一个派生类的简单例子:

```
class Base{
    int b;
public:
    void display(){
        cout<<b<<endl;
    }
};
class Derived:public Base{
    double d;
```

```
public:
    void show(){
        display();
        cout<<d<<endl;
    }
};
```

上述程序声明了一个派生类 Derived，Derived 以公有方式继承了基类 Base。此时 Derived 具有了来自基类的成员 b 与 display() 和新声明的成员 d 与 show()。在新声明的成员函数 show() 中，没有通过基类的对象直接调用了基类函数 display()，可见派生类 Derived 已接收了基类成员作为自己的成员。

现在设计一个类可通过两种途径，一是从头至尾独立设计出一个完整的类；二是利用已建好的类作为基类设计派生类。继承机制是面向对象程序设计的主要特征，也是面向对象语言广泛应用的主要原因。因此设计一个新类，应充分利用继承机制，在已有类的基础上设计新类。

6.3　派生类的设计过程

设计一个派生类，需要从基类继承成员和添加新成员。通过继承，派生类自动得到基类的成员，这部分成员体现了基类与派生类的共性。派生类新增加的成员体现了派生类不同于基类的个性，是派生类区别于其他类的特征。设计一个派生类，不是将基类成员与派生类新成员进行简单地叠加，而是需经过精心设计，一般需要如下 3 个过程。

1. 接收基类成员

从派生类的声明可以看出，派生类不能自由选择所需要的基类成员，而是将基类的数据成员和函数成员全部接收。这样就可能将不需要的基类成员接收为派生类的成员，造成派生类的数据冗余。在派生类作为父类不断派生子类时，派生类将会大量积聚冗余，使程序的执行消耗大量空间和时间资源，大大降低了程序执行效率。基类应设计成高度抽象、精简的类，从而防止子类继承时产生不必要的冗余数据。因此在设计类族时，基类是经过精心设计而专门为继承准备的。如果所用基类不是经过专门设计的，而是选择已有类作为基类，这时应慎重选择，使派生类冗余尽可能小。

2. 修改从基类接收的成员

虽然派生类不加选择地接收了全部基类成员，但可以根据需要修改接收来的基类成员。修改基类成员包括两个方面：一是改变基类成员在派生类中的访问属性，这可通过选择继承方式实现；二是重写基类的成员，即在派生类中定义与基类同名的成员（这时基类原有成员在派生类中仍存在），但这些成员实现的功能与基类同名成员不同。派生类声明了与基类同名的成员，派生类的成员就覆盖了基类的同名成员，通过派生类的对象直接使用成员名只能访问到派生类的同名成员，基类的同名成员被隐藏。派生类访问基类的同名成员必须通过基类名才能实现。注意这里所说的同名成员如果是同名函数,则函数返回类型、函数参数个数和类型必须完全形同,否则是函数重载。

3. 添加新成员

派生类新增成员是派生类的重要组成部分,是派生类新增功能的体现。应根据实际需要,添加所需的数据成员和成员函数,来实现派生类功能的扩充。

6.4 继承方式与访问控制

类成员有 public(公有)、protected(保护)和 private(私有)3 种访问属性。在类的内部对各种属性的成员均可直接访问。在类的外部通过类的对象,只能直接访问类的公有成员,类的保护成员与私有成员不可直接访问。

在类的派生过程中,派生类对基类的继承相应的也有 public(公有)、protected(保护)和 private(私有)3 种继承方式。派生类接收基类成员成为派生类成员时,可以改变基类成员在派生类中的访问属性。派生类中基类成员的访问属性由基类成员声明的属性和派生方式共同决定。具体访问规则如下。

1. 公有继承方式

基类声明的公有成员和保护成员在派生类中保持原有访问属性;基类声明的私有成员在派生类中不可访问,仍然为基类私有。

2. 保护继承方式

基类声明的公有成员和保护成员在派生类中都变成保护成员;基类声明的私有成员在派生类中不可访问,仍然为基类私有。

3. 私有继承方式

基类声明的公有成员和保护成员在派生类中变成私有成员;基类声明的私有成员在派生类中不可访问,仍然为基类私有。

类的保护成员和私有成员在不涉及继承关系时可认为是等价的,但有继承关系存在时,两者是有区别的。通过上面的访问规则可以看出私有成员和保护成员的区别。无论哪种继承方式,基类的私有成员在派生类中仍为基类私有,成为派生类不可访问的成员。基类的保护成员可成为派生类的保护成员或私有成员,在派生类的内部可以访问。

在设计基类时,应该将基类的数据成员设计成私有成员还是保护成员呢?对数据成员的封装是面向对象技术的主要思想之一,将基类的数据成员设计成私有,派生类就无法直接修改基类的属性,使派生类对基类的影响减到最小,有效地保护了基类的安全。设想在多级派生中,如果每个层次上的所有子类都可随意改变基类的私有属性,基类将毫无封装可言,完全丧失了独立性,最后到底是哪些子类改变了基类的属性,都不得而知。将基类的数据成员设计成保护成员,基类的保护成员可成为派生类的保护或私有成员,派生类内部可直接访问基类的属性,提高了访问效率。在派生类的外部,通过派生类的对象不可访问继承来的保护成员,起到了保护基类成员的作用。但毕竟在派生类的内部可修改基类的属性,派生类改变了基类,使基类丧失了独立性,破坏了基类的安全。因此在设计基类时,应兼顾效率与安全,具体情况具体分析。

6.4.1 公有继承

当类的继承方式为公有继承时,基类的公有成员和保护成员在派生类中保持原有访问属性,即基类的公有成员成为派生类的公有成员,基类的保护成员成为派生类的保护成员。在派生类的内部可以访问这些成员,在派生类的外部通过派生类的对象,仅能直接访问派生类继承的公有成员,派生类继承的保护成员不可访问。基类声明的私有成员在派生类中不可访问,仍然为基类私有,在派生类的内部和外部都不能直接访问继承的私有成员。看下面的例子:

```cpp
class Base{
  private:
    int x;
  protected:
    float y;
  public:
    void setX(int a){
        x=a;
     }
};
class Derived:public Base{
    char z;
public:
    void set(int a,float b,char c){
        setX(a);              //ok,可调用基类的公有成员函数
        y=b;                  //ok,可访问基类的保护成员
        z=c;
         x=a;                 //error,不可访问基类的私有成员
    }
};
int main(){
    Derived derived;
     derived.setX(2);
     derived.y=6;             //error
     derived.set(1,3,5);
     return 0;
}
```

上述程序中 y 和 setX()为基类 Base 的保护成员和公有成员,通过公有继承,分别成

为派生类 Derived 的保护成员和公有成员,基类的私有成员 x 成为派生类的不可访问成员。在派生类 Derived 中,可以直接调用基类的成员函数 setX()和访问基类的成员 y,但不能访问基类的私有成员 x。在派生类的外部,通过派生类的对象 derived,可以调用基类的公有成员函数 setX(),但基类的保护成员 y 不可访问。z 和 set()是派生类新增加的私有成员和公有成员,它们的访问属性符合一般类成员的访问规则。再看例 6-1。

例 6-1 人与学生公有继承关系的访问属性。

```cpp
class Person{
    char name[20];
    char sex;
    int age;
public:
    void setPerson(char nm[],char s,int a){
        strcpy(name,nm);
        sex=s;
        age=a;
    }
    void display(){
        cout<<name<<","<<sex<<","<<age<<"岁\n";
    }
};
class Student:public Person{              //公有继承
    int number;                           //学号
    double score;                         //分数
public:
    void setStudent(int n,double scr){
        number=n;
        score=scr;
    }
    void show(){
        cout<<"学号: "<<number<<",分数:"<<score<<endl;
    }
};
int main(){
    Student stu;
    stu.setPerson("LiJuan",'f',18);       //访问基类公有成员
    stu.display();
    stu.setStudent(20140101,88);
    stu.show();
    return 0;
}
```

程序运行结果:

```
LiJuan, f, 18岁
学号:20140101, 分数:88
Press any key to continue
```

在上例中，Person(人)是基类，Student(学生)是派生类，学生继承了人的所有特征，自己又具有了新特征。学生类含有人与学生的共性：姓名、性别、年龄，又具有区别一般人的个性：学号和分数。通过公有继承，基类 Person 的公有成员函数 setPerson() 和 display() 成为了派生类 Student 的公有成员函数，所以在主函数中，通过 Student 的对象可以直接调用它们。

可以将基类和派生类中具有相似功能的成员取相同的名字，这时派生类的成员将覆盖基类的同名成员，在派生类中或通过派生类的对象访问基类的同名成员，必须要指出基类的名称，否则是访问的派生类的同名成员。将例 6-1 改造为例 6-2。

例 6-2 人与学生类同名成员的覆盖。

```cpp
class Person{
    char name[20];
    char sex;
    int age;
protected:
    void set(char nm[],char s,int a){
        strcpy(name,nm);
        sex=s;
        age=a;
    }
public:
    void display(){
        cout<<"姓名:"<<name<<",性别:"<<sex<<",年龄:"<<age<<"岁 \n";
    }
};
class Student:public Person{
    int number;
    double score;
public:
    void set(char nm[],char s,int a,int n,double scr){ //与基类成员同名
        Person::set(nm,s,a);                //访问基类同名成员需指明类名
        number=n;
        score=scr;
    }
    void display(){                         //定义与基类同名成员
        cout<<"学号:"<<number<<",";
        Person::display();                  //访问基类同名成员
        cout<<"分数:"<<score<<endl;
    }
};
int main(){
```

```
    Student stu;
    stu.set("GaoFeng",'m',20,20140110,93);
    stu.Person::display();              //调用基类的同名成员函数
    stu.display();
    return 0;
}
```

程序运行结果：

```
姓名:GaoFeng, 性别:m,年龄:20岁
学号:20140110, 姓名:GaoFeng, 性别:m,年龄:20岁
分数:93
```

上述程序中，将基类与派生类具有相同功能的设置和显示成员函数取相同的名字，这时派生类的函数 set() 和 display() 将覆盖基类 Person 的同名成员函数，基类的同名函数被隐藏。在派生类中调用基类的同名成员函数时，必须指出类名，否则调用的是派生类的同名函数。此例将基类 Person 的成员 set() 设置成保护成员，不作为对外接口，专门为派生类继承而设计。事实上，一个类的成员如果设计成保护成员，就意味着该类将作为基类使用。

6.4.2 保护继承

当类的继承方式为保护继承时，基类声明的公有成员和保护成员在派生类中都变成保护成员，在派生类的内部可以直接访问它们，而在派生类的外部通过派生类的对象，不能直接访问它们。基类声明的私有成员在派生类中不可访问，仍然为基类私有，在派生类的内部和外部都不能直接访问继承的私有成员。看下面的例子：

```
class Base{
private:
    int x;
protected:
    float y;
public:
    char z
    void setX(int a){
        x=a;
     }
};
class Derived:protected Base{              //保护继承
    double u;
public:
    void set(int a,int b,int c,int d){
        setX(a);                  //ok,基类公有成员成为派生类的保护成员
        y=b;                      //ok,基类保护成员仍为派生类的保护成员
        z=c;
```

```
        u=d;
    }
};
int main(){
    Derived derived;
    derived.setX(2);                    //error,不能直接访问类的保护成员
    derived.z=6;                        //error,不能直接访问类的保护成员
    derived.set(1,3,5,7);
    return 0;
}
```

通过保护继承,除私有成员外,基类的所有成员 y、z、setX()都成为派生类的保护成员,这些成员仅在派生类的内部可直接访问,通过派生类的对象不能直接访问,因此语句 derived.setX(2)和 derived.z=6 编译时出错。再看例 6-3。

例 6-3　保护继承的访问属性。

```
class Person{
    char name[20];
    char sex;
    int age;
public:
    void setPerson(char nm[],char s,int a){
        strcpy(name,nm);
        sex=s;
        age=a;
    }
    void display(){
        cout<<name<<","<<sex<<","<<age<<endl;
    }
};
class Student:protected Person{
                        //保护继承,基类的公有、保护成员成为子类的保护成员
    int number;
    double score;
public:
    void setStudent(int n,double scr){
        number=n;
        score=scr;
    }
    void show(){
        cout<<"学号："<<number<<","<<"分数:"<<score<<endl;
    }
};
int main(){
```

```
    Student stu;
    stu.setPerson("LiJuan",'f ',18);          //error,类外不能访问保护成员
    stu.display();                            //error,类外不能访问保护成员
    stu.setStudent(20140101,88);
    stu.show();
    return 0;
}
```

上述程序中,基类 Person 与派生类 Student 的定义与例 6-1 完全相同,仅仅是派生类的继承方式为保护继承。这样 Person 中的公有成员 setPerson()和 display()变成了子类 Student 的保护成员,在派生类 Student 外部通过对象 stu,不能直接访问 Person 的成员 setPerson()和 display(),所以主函数中的语句 stu. setPerson("LiJuan",'f ',18)和 stu. display()编译时出错。但如果做一下改动,将本例的类设计成例 6-2 的形式,将例 6-2 中类 Student 的继承方式改为 protected 继承,其他一切不变,程序仍可正常运行。通过上面这些例子看出,在设计类时应充分利用面向对象的封装特性,将类与类之间的影响减到最小。这样,在一个类的设计改变后,其他类变动极小甚至不用变动。

6.4.3　私有继承

当类的继承方式为私有继承时,基类声明的公有成员和保护成员在派生类中都变成私有成员,在派生类的内部可以直接访问它们,而在派生类的外部通过派生类的对象,不能直接访问它们。基类声明的私有成员在派生类中不可访问,仍然为基类私有,在派生类的内部和外部都不能直接访问继承的私有成员。

比较保护继承和私有继承可以看出,当仅有直接基类和派生类时,即派生类不再作为父类派生子类时,保护继承和私有继承的功能完全相同。如果存在间接基类和派生类时,即派生类作为父类再次派生子类时,两种派生方式将具有不同的功能。假设类 Base 作为基类,私有派生出子类 Derived,Derived 又作为父类公有派生出子类 Derived1,这时 Base 类中的所有公有和保护成员都成为 Derived 的私有成员,Derived 再次派生后,Base 中的这些成员在 Derived1 中将变成不可访问的成员。现在假设类 Base 作为基类,保护派生出子类 Derived,Derived 又作为父类公有派生出子类 Derived1,这时 Base 类中的所有公有和保护成员都成为 Derived 的保护成员,Derived 再次派生后,Base 中的这些成员在 Derived1 中仍为保护成员,是可以访问的。由此进一步加深了对保护成员和私有成员的认识,保护成员在本类中等同于私有成员,但在派生类中私有成员变为不可访问的成员,而保护成员是可以访问的。

通过 3 种继承方式的介绍可以看出,派生类中实际存在 4 种访问属性的成员。

(1) 不可访问成员。在派生类的内部和通过派生类的对象都不能直接访问。

(2) 私有成员。在派生类的内部可以直接访问,在派生类的外部通过派生类的对象不能直接访问。再次派生,在新派生类的内部和通过派生类的对象都不能直接访问。

(3) 保护成员。在派生类的内部可以直接访问,在派生类的外部通过派生类的对象

不能直接访问。再次派生,在新派生类的内部可以访问,派生类的外部不能直接访问。

(4) 公有成员。在派生类的内部和外部都可以直接访问。

公有继承方式使基类的公共接口在派生类中仍可作为公共接口使用,充分扩充了派生类的功能,因而公有继承是应用最多的继承方式。保护继承和私有继承限制了基类的公共接口,不能充分扩展派生类的功能,且私有继承再次派生,将完全屏蔽基类的所有成员,因此保护继承和私有继承应用较少。

6.5 派生类的构造函数和析构函数

6.5.1 派生类的构造函数

类的构造函数的作用是创建对象时初始化对象。若类的设计者没有定义构造函数,创建对象时,系统自动生成一个默认构造函数,但该默认构造函数不能将对象初始化。如果设计者定义了构造函数,系统就不会自动生成默认构造函数,而是调用设计者定义的构造函数。派生类继承了基类所有的数据成员,自己又添加了新成员,所以派生类对象的构造函数由两部分构成。一部分用来初始化继承的基类成员,一部分用来初始化新添加的成员。初始化继承的基类成员是通过调用基类的构造函数实现的。如果用户没有定义派生类的构造函数,在创建派生类对象时,系统自动生成一个默认构造函数,该构造函数调用基类的无参构造函数。看例 6-4。

例 6-4 派生类默认构造函数举例。

```cpp
#include <iostream>
using namespace std;
class Base{
    int b;
public:
    Base(){
        cout<<"Base default constructor.\n";        //基类默认构造函数
    }
    void show(){
        cout<<"b="<<b<<endl;
    }
};
class Derived:public Base{
    int d;
public:                                    //派生类没有定义构造函数
    void display(){
        show();
        cout<<"d="<<d<<endl;
    }
};
```

```
int main(){
    Derived derived;
    derived.display();
    return 0;
}
```

程序运行结果：

```
Base default constructor.
b=-858993460
d=-858993460
Press any key to continue
```

上述程序显示，在创建派生类对象 derived 时，系统自动调用了基类的默认构造函数，该构造函数没有对数据成员进行初始化。

如果想将派生类的对象初始化为一定的状态，必须定义派生类的有参构造函数，将参数传递给继承的基类成员和新增加的成员。此时可以调用基类的有参构造函数来初始化基类的数据成员。定义派生类构造函数的一般形式为

DeriveName(parameter list) : BaseName(argument list)
{
    function body;
}

其中，DeriveName 为派生类构造函数名，与派生类名相同；parameter list 为总形参表，包括初始化基类成员需要的形参和初始化派生类成员需要的形参；BaseName 为基类名，argument list 为调用基类构造函数所需的实参表；function body 为初始化派生类新增成员部分的函数体。BaseName(argument list)是调用基类的构造函数，其形式必须与基类定义的构造函数匹配。由派生类构造函数形式看出，基类构造函数的调用，出现在派生类构造函数的成员初始化表中，这表示在执行派生类的构造函数前，首先调用基类的构造函数，对派生类继承的基类成员进行初始化，然后再执行派生类的函数体，对派生类新增成员进行初始化。

看下面的例子：

```
#include <iostream>
using namespace std;
class Base{
    int x;
public:
    Base(int a){
        x=a;
        cout<<"Base constructor.\n";
    }
    void show(){
        cout<<"x="<<x<<endl;
    }
};
```

```
class Derived:public Base{
    int y;
public:
    Derived(int s,int t):Base(s){                //调用基类构造函数
        y=t;
        cout<<"Derived constructor.\n";
    }
    void display(){
        show();
        cout<<"y="<<y<<endl;
    }
};
int main(){
    Derived derived(1,2);
    derived.display();
    return 0;
}
```

程序运行结果：

```
Base constructor.
Derived constructor.
x=1
y=2
Press any key to continue
```

下面将例 6-1 改写成有构造函数的例子。

例 6-5   具有构造函数的学生派生类。

```
#include <iostream>
#include <string>
using namespace std;
class Person{
    char name[20];
    char sex;
    int age;
public:
    Person(char nam[],char sex,int age);
    void display()const;
};
Person::Person(char nm[],char s,int a){
    strcpy(name,nm);
    sex=s;
    age=a;
}
void Person::display()const{
    cout<<"姓名:"<<name<<",性别:"<<sex<<",年龄:"<<age<<endl;
}
```

```
class Student:public Person{
    string number;
    double score;
public:
    Student(char name[],char sex,int age,string num,double score);
    void display()const;
};
Student::Student(char nm[],char s,int a,string n,double scr):Person(nm,s,
a){
    number=n;
    score=scr;
}
void Student::display()const{
    cout<<"学号:"<<number<<endl;
    Person::display();
    cout<<"分数:"<<score<<endl;
}
int main(){
    Student stu("LiJuan",'f',18,"20140101",95);
    stu.display();
    return 0;
}
```

程序运行结果：

```
学号:20140101
姓名:LiJuan, 性别:f, 年龄:18
分数:95
Press any key to continue
```

请注意，派生类构造函数的声明语句，并不包含成员初始化表部分。上述程序在创建派生类的对象 stu 时，自动调用派生类 Student 的构造函数。在执行派生类的构造函数前，首先调用基类 Person 的构造函数 Person(nm,s,a)，初始化派生类继承的基类部分，然后再执行派生类的构造函数，初始化派生类新增加的 number 和 score 数据成员。实际上可以将派生类新增加的成员也放在成员初始化表中进行初始化，这时其位置与调用基类构造函数位置的先后次序，不会影响首先调用基类构造函数，再初始化派生类新增成员的顺序。看下面的例子：

```
class Base{
    int x;
public:
    Base(int a){
        x=a;
        cout<<"Base constructor.\n";
    }
};
class Derived:public Base{
```

```
        int y;
    public:
        Derived(int s,int t):Base(s),y(t){
            cout<<"Derived constructor.\n";
        }
    };
```

上述程序将基类构造函数 Base(s)的调用与派生类新增成员的初始化 y(t),都加入到成员初始化表中,两者用逗号分开。

如果基类不需要传递参数进行初始化,派生类构造函数可以不显式调用基类构造函数,此时将调用基类的默认构造函数。看下面的例子:

```
#include <iostream>
using namespace std;
class Base{
        int x;
    public:
        Base(){
            x=0;
            cout<<"Base constructor.\n";
        }
        void show(){
            cout<<"x="<<x<<endl;
        }
    };
class Derived:public Base{
        int y;
    public:
        Derived(int t):y(t){
            cout<<"Derived constructor.\n";
        }
        void display(){
            show();
            cout<<"y="<<y<<endl;
        }
    };
int main(){
        Derived derived(1);
        derived.display();
        return 0;
}
```

程序运行结果:

```
Base constructor.
Derived constructor.
x=0
y=1
Press any key to continue
```

上述程序派生类的构造函数 Derived(int t)没有显式调用基类的构造函数,创建派生类对象时,系统自动调用基类的默认构造函数 Base()。

如果派生类的数据成员是某类的对象,也就是类中有内嵌子对象的情况,这时派生类构造函数的成员初始化表中应包含对象成员的初始化,一般形式为

DeriveName(parameter list): BaseName(argument list), objectName(argument list)
{
    function body;
}

其中,objectName 为内嵌子对象名,argument list 为初始化子对象所需的参数表。看下面的例子:

```cpp
#include <iostream>
using namespace std;
class Base{
        int x;
public:
        Base(int a=0){
            x=a;
            cout<<"Base constructor.\n";
        }
};
class MyClass{
        float y;
public:
        MyClass(float b=0.0){
            y=b;
            cout<<"MyClass constructor.\n";
        }
};
class Derived:public Base{
        double z;
        MyClass obj;                        //内嵌对象
public:
        Derived(int u,float v,double w):Base(u),z(w),obj(v) {
            cout<<"Derived constructor.\n";
        }
};
int main(){
```

```
        Derived derived(1,2.5,3);
        return 0;
}
```

程序运行结果：

```
Base constructor.
MyClass constructor.
Derived constructor.
```

创建派生类对象 derived 时,系统自动调用了派生类的构造函数。在执行派生类的构造函数前,首先调用基类的构造函数 Base(1),初始化基类成员 x,然后调用内嵌对象 obj 的构造函数 MyClass(1.2),初始化派生类的对象成员 obj,最后初始化派生类的数据成员 z。以上执行顺序不受成员初始化表中成员排列顺序的影响。

综上所述,派生类构造函数的执行顺序如下。

(1) 调用基类构造函数,对基类成员初始化。

(2) 按派生类中声明的次序,对派生类的成员对象初始化。

(3) 执行派生类构造函数的函数体,对派生类数据成员初始化。

在多级派生时,派生类只能调用直接基类的构造函数,直接基类再调用它的直接基类的构造函数,这样逐级调用直接基类的构造函数,直到最上层的基类为止。

6.5.2 派生类的复制构造函数

通过复制一个已存在的对象建立新对象时,系统调用类的复制构造函数。一般情况下,用户不必定义类的复制构造函数,系统会自动生成复制构造函数,完成对象成员的复制工作。但如果类的数据成员为指针变量时,用户必须自己定义复制构造函数。

与普通类的构造函数类似,如果用户没有定义派生类的复制构造函数,系统会自动生成一个派生类的复制构造函数,该构造函数会自动调用基类的复制构造函数,完成派生类对象数据成员的复制工作。派生类复制构造函数的形参,为本类对象的引用。派生类复制构造函数的一般形式为

DerivedName(const Derived &d) : Base(d){function body}

其中,DerivedName 为派生类名,d 为派生类对象的引用,Base(d) 为调用基类的构造函数。注意,调用基类构造函数的参数是派生类对象的引用,而非基类对象的引用。这是类型兼容规则允许的,即可用派生类的对象代替基类的对象。基类与派生类的兼容问题,在后面讨论。

6.5.3 派生类的析构函数

析构函数是对象消亡时,为进行一些必要的清理工作,系统自动执行的函数。派生类析构函数的定义与没有继承关系的普通类的析构函数的定义相同。在执行派生类的析构函数时,系统自动调用基类的析构函数。派生类析构函数的调用顺序与构造函数的调用

顺序正好相反,即先调用派生类的析构函数,再调用对象成员的析构函数,最后调用基类
的析构函数。下面举例说明:

```
#include <iostream>
using namespace std;
class Base{
public:
    Base(){
        cout<<"Base constructor.\n";
    }
    ~Base(){
        cout<<"Base destructor.\n";
    }
};
class Derived:public Base{
public:
    Derived(){
        cout<<"Derived constructor.\n";
    }
    ~Derived(){
        cout<<"Derived destructor.\n";
    }
};
int main(){
    Derived derived;
    return 0;
}
```

程序运行结果:

```
Base constructor.
Derived constructor.
Derived destructor.
Base destructor.
Press any key to continue
```

6.6 派生类与基类的兼容性

派生类完全接收了基类的成员,且在公有继承方式下,除私有成员外,基类其他成员
的访问属性在派生类中保持不变。这样,公有派生类就完全具有了基类的所有信息和功
能,基类能够完成的工作,公有派生类应该都有能力完成。因此,凡是需要基类对象的地
方,都可用公有派生类的对象代替。派生类与基类的类型兼容规则如下。

(1)派生类对象可以赋值给基类对象。

(2)派生类对象可以初始化基类对象的引用。

(3)基类对象的指针可以指向派生类的对象。

在派生类对象替代基类对象后,派生类对象就可作为基类对象使用。看下面的例子:

```cpp
#include <iostream>
using namespace std;
class Base{
    public:
        void show(){
            cout<<"showing base.\n";
        }
};
class Derived:public Base{
public:
        void show(){
        cout<<"showing derived.\n";
        }
};
int main(){
        Base base;
        Derived derived;
        Base * p=&derived;              //基类指针指向派生类对象
        p->show();
        Base &r=derived;               //基类引用派生类对象
        r.show();
        base=derived;
        base.show();
        return 0;
}
```

程序运行结果:

```
showing base.
showing base.
showing base.
Press any key to continue
```

虽然派生类对象可以代替基类对象,但只能访问派生类中继承的基类成员部分,所以上述程序没有起到访问派生类新成员的效果。如果基类和派生类都创建了对象,这时基类对象和派生类对象分配不同的内存块,派生类对象要大于基类对象,即派生类既拥有自己的新成员,还拥有基类的所有成员。派生类对象向基类对象赋值是一种"切片"式赋值,即将派生类对象的基类部分切下赋值给基类对象,将基类对象无法接收的多余部分丢弃。

将一条消息与一个对象方法相结合称为关联或绑定。上述程序中对象与函数绑定的过程在编译阶段就确定了,这种关联方式称为静态关联。在静态关联时,基类指针指向派生类对象后,只能访问到派生类对象的基类部分。看下面的例子:

```cpp
#include <iostream>
using namespace std;
class Base{
```

```
protected:
    int b;
public:
    Base(int s=0):b(s){}
    void show(){
        cout<<"b="<<b<<endl;
    }
};
class Derived:public Base{
    int d;
public:
    Derived(int u,int v):Base(u),d(v){}
    void show(){                    //与基类函数同名
        cout<<"b="<<b<<",d="<<d<<endl;
    }
};
int main(){
    Base base;
    Derived derived(2,8);
    Base * p=&base;
    p->show();
    derived.show();
    p=&derived;                 //基类指针指向派生类对象
    p->show();                  //显示派生类的基类部分
    base=derived;               //派生类对象赋值给基类对象
    cout<<"派生类对象赋值给基类对象后:\n";
    base.show();
    return 0;
}
```

程序运行结果:

```
b=0
b=2,d=8
b=2
派生类对象赋值给基类对象后:
b=2
```

上述程序创建基类对象 base,此时对象的数据成员 b＝0;创建派生类对象 derived,此时派生类对象继承的基类部分的数据成员 b＝2,新增成员 d＝8。基类指针 p 指向派生类对象 derived 后,由于是静态绑定,所以 p 访问的是继承的基类部分的函数 show(),仅能显示基类部分的数据成员。将派生类对象 derived 赋值给基类对象 base 后,base 只接收了数据成员 b 的值,此时基类对象 base 成员 b 的值变为 2,如图 6-3 所示。

下面再看一个静态绑定的例子,见例 6-6。

例 6-6 类对象的静态关联。

```
#include <iostream>
```

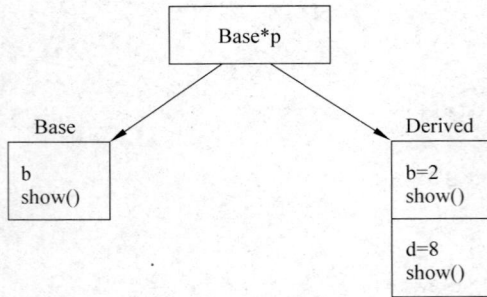

图 6-3　静态绑定示意图

```
using namespace std;
class BallPlayer{
public:
    void exercise(){
        cout<<"Playing ball.\n";
    }
};
class BasketballPlayer:public BallPlayer{
public:
    void exercise(){
        cout<<"Playing basketball.\n";
    }
};
class FootballPlayer:public BallPlayer{
public:
    void exercise(){
        cout<<"Playing football.\n";
    }
};
void fun(BallPlayer &rPlayer){          //形参为基类对象的引用
    rPlayer.exercise();
}
int main(){
    BallPlayer player;
    BasketballPlayer bPlayer;
    FootballPlayer fPlayer;
    fun(player);
    fun(bPlayer);
    fun(fPlayer);
    return 0;
}
```

程序运行结果：

```
Flaying ball.
Flaying ball.
Flaying ball.
Press any key to continue
```

上述程序定义了一个函数 fun(BallPlayer&),形式参数为基类"球员"的引用。根据类型兼容规则,可以用派生类对象"篮球运动员"和"足球运动员"代替基类对象"球员"。由于是静态关联,程序执行结果没有起到篮球运动员打篮球,足球运动员踢足球的效果。要达到这种效果,需用到后面章节讨论的动态关联机制。

6.7 多继承

在学校的工作人员中,有些行政人员也从事教学工作,他们具有双重身份,既具有教师的职称,又具有行政级别。处理这种情况可用 C++ 的多继承机制。如果派生类 Derived具有 3 个基类 Base1、Base2 和 Base3,则声明派生类 Derived 可用如下形式:

class Derived: public Base1, protected Base2, private base3 {…};

各个基类间用逗号分开。看下面的例子:

```
class Staff{
protected:
    char level[20];                        //行政级别
};
class Teacher{
protected:
    char title[20];                        //技术职称
};
class StaffTeacher : public Staff , public Teacher{    //多继承,用逗号分开
    char name[20];
};
```

6.7.1 多继承的构造函数

多继承的构造函数与单继承类似,仅增加对所有基类构造函数的调用。将上面程序改造成具有构造函数的例子:

```
class Staff{
protected:
    char level[20];
public:
    Staff(char lvl[]){
        strcpy(level,lvl);
    }
};
```

```
class Teacher{
protected:
    char title[20];
public:
    Teacher(char ttl[]){
        strcpy(title,ttl);
    }
};
class StaffTeacher:public Staff,public Teacher{
    char name[20];
public:
    StaffTeacher(char lv[],char tl[],char nm[]):Staff(lv),Teacher(tl){
        strcpy(name,nm);
    }
};
```

派生类中基类构造函数的调用顺序,按照声明派生类时基类出现的先后顺序调用,与基类在成员初始化表中的排列顺序无关。

各个基类中如果具有同名成员,派生类在调用这些成员时将产生二义性,这时必须用基类名和作用域分辨符来表示成员。看例 6-7。

例 6-7 多继承示例。

```
#include <iostream>
using namespace std;
class Staff{
protected:
    char level[20];
public:
    Staff(char lvl[]){
        strcpy(level,lvl);
    }
    void show(){
        cout<<"级别:"<<level<<endl;
    }
};
class Teacher{
protected:
    char title[20];
public:
    Teacher(char ttl[]){
        strcpy(title,ttl);
    }
    void show(){                        //与 Staff 类中同名的函数!
        cout<<"职称:"<<title<<endl;
```

```
        }
    };
    class StaffTeacher:public Staff,public Teacher{
        char name[20];
    public:
        StaffTeacher(char lv[],char tl[],char nm[]):Staff(lv),Teacher(tl){
            strcpy(name,nm);
        }
        void display(){
            cout<<name<<endl;
        }
    };
    int main(){
        StaffTeacher st("正科","讲师","李军");
        st.display();
        st.Staff::show();                   //指明基类
        st.Teacher::show();                 //指明基类
        return 0;
    }
```

程序运行结果：

```
李军
级别:正科
职称:讲师
Press any key to continue
```

基类 StaffTeacher 继承了两个类的同名成员函数 show()，通过派生类名调用函数时，如果不加上基类名，将产生歧义。

6.7.2 虚基类

若某些类是一个子类的父类，这些父类又派生自同一个基类，则基类中的一个成员在子类中就具有多个副本。如类 Base1、Base2 是 Derived 的父类，又是 Base 的子类，若 Base 中有成员 a，则 Derived 中就具有两个 a 的副本。如果将公共基类设置成虚基类，这时间接子类中就仅有一个基类同名成员的副本了。下面例子说明如何声明虚基类：

```
class Base{
protected:
    int a;
public:
    void show(){
    cout<<a<<endl;
    }
};
class Base1:virtual public Base{                    //声明为虚基类
```

```
protected:
    int a1;
};
class Base2:virtual public Base{                        //声明为虚基类
protected:
    int a2;
};
class Derived:public Base1,public Base2{
    int d;
};
```

上述程序用关键字 virtual 将 Base 声明为虚基类,这时基类 Base 中的成员 a 和 show()
在派生类 Derived 中就不再拥有两个副本。

6.7.3 虚基类和派生类的构造函数

虚基类如果没有定义有参构造函数,派生类创建对象时,系统将为派生类自动生成默
认构造函数。如果虚基类定义了有参构造函数,用户必须为派生类定义有参构造函数。
派生类的构造函数在成员初始化表中调用父类的构造函数,对继承自虚基类的成员进行
初始化。看下面的例子:

```
#include <iostream>
using namespace std;
class Base{
protected:
    int a;
public:
    Base(int x0):a(x0){}
};
class Base1:virtual public Base{
protected:
    int a1;
public:
    Base1(int x0,int x1):Base(x0),a1(x1){}
};
class Base2:virtual public Base{
protected:
    int a2;
public:
    Base2(int x0,int x2):Base(x0),a2(x2){}
};
class Derived:public Base1,public Base2{
    int d;
public:
```

```
    Derived(int x0,int x1,int x2,int x):Base(x0),Base1(x0,x1),Base2(x0,
x2),d(x){}
    void show(){
        cout<<"a="<<a<<endl;       //不会产生二义性
    }
};
int main(){
    Derived d(1,2,3,4);
    d.show();
    return 0;
}
```

注意：在上述程序中无论是直接或间接派生类，在构造函数的成员初始化表中都必须给出对虚基类的初始化。在最终派生类中，因为仅存在成员 a 的一个副本，所以访问不会产生二义性，也就不用加类名限定了。

6.8　小结

　　类的继承机制是面向对象技术的主要特征，是代码重用的主要方式，也是面向对象技术成为当今主流技术的重要原因。

　　类的属性有 3 种访问限定形式，类的继承方式也有 3 种相应的形式。由于子类全盘接收了父类的成员，子类中就有两部分成员，一部分是从父类继承的成员，一部分是子类自己定义的新成员。父类成员在子类中的访问控制方式可能与父类中的原访问控制方式不同，具体访问方式应视继承方式而定。

　　公有继承方式能够最大程度利用父类的方法，因此公有继承是应用最多的继承方式。在公有继承方式下，子类对象能够完全代替父类对象执行相应的操作。对象与通过该对象调月的成员函数在编译阶段绑定的称为早绑定或静态绑定，在运行时才进行绑定的称为晚绑定或动态绑定。在静态绑定下，子类对象代替父类对象进行操作时，只能访问派生类对象继承的基类成员。

习　　题

1. 在 3 种不同的继承方式下，基类成员的访问属性在派生类中如何变化？
2. 类的设计者是否可以不定义基类的构造函数？
3. 派生类的对象是否完全包含基类的成分？
4. 生成派生类对象时，是否自动生成基类的对象？
5. 是否必须定义派生类的复制构造函数？
6. 派生类与基类的兼容规则是什么，为什么公有派生类对象可以代替基类对象？
7. 设计基类 Person（人），类属性为姓名、性别、年龄，设计派生类 Teacher（教师），类属性为职称、工资。设计类的构造函数和类的其他成员函数，并在主函数中测试类的应用。

8. 设计基类"雇员",类属性为姓名、性别、年龄,工资;设计一个派生类"公务员",类属性为行政级别;设计另一个派生类"事业编人员",属性为职称。设计类的构造函数和类的其他成员函数,并在主函数中测试类的应用。

9. 设计基类"鸡",两个派生类"公鸡"和"母鸡",根据它们的共性和个性,自行设计类属性和方法,并在主函数中测试类的应用。

第7章 多　态

7.1　多态的概念

现实生活中时常发生不同群体对同一消息产生不同响应的情况。例如,足球教练员宣布开始"训练",对"训练"这一命令,守门员练习守门技术,前锋练习射门技术,后卫练习传球技术。这种对同一消息产生不同响应的情况称为多态,即多种形态。多态是面向对象技术的重要特征。有些多态在程序编译阶段就可确定多态的具体行为,这种情况称为静态联编(或静态绑定)。有些多态在程序编译阶段无法确定多态的具体行为,要等到程序运行时才能决定,这种情况称为动态联编(或动态绑定)。C++中的多态有多种表现形式,包括运算符重载、虚函数、模板等。运算符重载实质是函数重载的一种特殊形式;虚函数多态是不同对象调用同名函数能够产生不同响应的情况;函数模板是函数重载的升华,是函数参数类型及返回类型参数化;类模板的本质是类的成员函数模板化。

前面章节已经介绍了函数重载,本章将分别阐述另外几种形式的多态。

7.2　运算符重载

7.2.1　运算符重载的概念与形式

程序设计语言引入运算符的目的是为了代替函数,使表达式看起来简洁明了,但运算符实际上执行的是函数调用。例如表达式 a＋b－c＊d,C++解读成 add(a,subtract(b,multiply(c,d))),可这看起来有些眼花缭乱,用运算符就简明多了。实际上我们一直在运用运算符重载技术,例如,对＋运算符,可将两个整型数相加,如 2＋3,也可将两个实型数相加,如 4.5＋5.6,这时编译系统在内部重载了两种不同数据类型的加法运算。这种重载的实质是函数重载,即 int add(int,int)和 float add(float,float)。编译系统内定的运算符重载形式,只能对系统定义的基本数据类型起作用,对用户自定义的数据类型,系统无法提供相应的运算符重载形式。例如,用户定义的数学中的复数类,运算符＋、－无法实现两个复数的加减运算。

例 7-1　复数加法运算,用函数实现。

```
#include<iostream.h>
class Complex{
    double real;                //实部
    double imag;                //虚部
public:
    Complex(double rl=0,double img=0):real(rl),imag(img){}
```

```
    friend Complex add(const Complex& left, const Complex& right);//友元函数
    void show(){
        cout<<real<<","<<imag<<endl;
    }
};
Complex add(const Complex& lt, const Complex& rt){
    return Complex(lt.real+rt.real,lt.imag+rt.imag);   //友元函数可直接访问
                                                       //私有成员
}.
int main(){
    Complex c1(1,2),c2(3,4),c;
    c=c1+c2;                        //error,自定义的类不能自动执行+操作
    c=add(c1,c2);                   //ok
    c.show();
    return 0;
}
```

程序中语句"c＝c1＋c2;"编译出错,去掉该语句后程序运行结果如下:

```
4,6
Press any key to continue
```

上例中运算符＋无法实现类的加法运算,定义了友元函数 add(),实现了加法运算。
＋运算符是二目运算符,相应的友元函数也需要两个运算数参数。上例中语句

```
Complex(lt.real+rt.real,lt.imag+rt.imag)
```

是建立一个临时对象,return 语句将对象返回后,临时对象就自动消亡了。

C++ 的运算符重载机制,能够扩展运算符的功能,通过对运算符进行重新定义,可以
实现用户自定义类型的运算。运算符重载实质是函数重载,其形式为

```
returnType operator operatorSymbol(parameter list)
{
    function body;
}
```

其中,returnType 是函数返回类型,即返回的运算结果,operator 是重载运算符的关键字,
operatorSymbol 是要重载的运算符号,parameter list 为形参表,函数体 function body 是
运算符实现的功能语句。运算符重载的形式中 operator operatorSymbol 相当于函数名。
重载每个运算符,都是针对具体类而言的,离开具体的类,泛泛谈论如何重载某个运算符
没有实际意义。将例 7-1 中 Complex 类的＋运算符重载如下:

```
#include <iostream.h>
class Complex{
    double real;
    double imag;
public:
    Complex(double rl=0,double img=0):real(rl),imag(img){}
```

```
    friend Complex operator+(const Complex & left, const Complex & right);
    void show(){
        cout<<real<<","<<imag<<endl;
    }
};
Complex operator+( const Complex & lt, const Complex & rt){
    return Complex(lt.real+rt.real, lt.imag+rt.imag);
}
int main(){
    Complex c1(1,2),c2(3,4),c;
    c=c1+c2;                    //ok,重载后可直接应用
    c.show();
    return 0;
}
```

程序运行结果：

```
4,6
Press any key to continue
```

需要注意的是,使用友元函数重载运算符时,若用 Visual C++ 6.0 调试程序,应将
♯include<iostream>、using namespace std 两行,替换为 ♯ include <iostream. h>,否
则编译出错。以上程序用友元函数 friend Complex operator + (Complex & left,
Complex & right)对运算符+进行了重载。之所以重载为类的友元函数,是因为友元函
数能够直接访问类的私有成员。+运算符需要两个复数操作数,分别用参数 left 和 right
代表,运算结果也是一个复数,所以函数返回类型仍为 Complex。系统将语句 c1+c2 解
读为operator+(c1,c2)形式的函数调用。+运算符重载后,就可以用运算符做复数的加
法运算了。重载后的运算符仍然具有原运算符的功能,只不过用户又添加了新的功能,
C++ 将依据运算数的类型来决定运算符执行的功能。例如,上例中如果运算数是普通的
整型数,+运算符执行原有功能,如果是类 Complex 的对象,则执行重载后+运算符的功
能。运算符可以重载为类的友元函数,也可以重载为类的成员函数,这两种重载方式,函
数都可以直接访问类的私有成员。无论是将运算符重载为类的成员函数还是友元函数,
重载后的运算符的使用形式和没有重载时的使用形式完全一样。

7.2.2 运算符重载的规则

运算符重载应遵循如下规则。

(1) 运算符重载不能改变原运算符操作数的个数,且操作数必须有一个是用户定义
类的对象。

(2) 只能对现有运算符重载,用户不能定义新运算符。除去类属关系运算符(.)、作
用域分辨符(::)和(?:)运算符之外,C++ 中大部分运算符都可以重载。

(3) 重载之后运算符的优先级和结合性不变。

一般而言,重载后运算符的功能应与原运算符表示的功能类似。例如,虽然在语法上

可将一运算符重载为两个复数相加,但这不符合人们的习惯,容易造成混乱。

7.2.3　将运算符重载为类的成员函数和友元函数

如果将运算符重载为类的成员函数,则函数参数比运算符所需的运算数少一个,即原来为二目运算符,则运算符重载函数有一个参数;原来为单目运算符,则运算符重载函数没有参数。这是因为调用成员函数的对象是一个隐形参数。例如,对二目运算符＋,运算表达式为 oprnd1＋oprnd2,两个运算数分别为左运算数 oprnd1 和右运算数 oprnd2。如果将运算符重载为类的成员函数,C++ 将表达式解读为函数调用 oprnd1. operator＋(oprand2),其中左运算数 oprnd1 为类的对象,是一个隐含参数,不用进行实参传递,调用函数仅需要一个右运算数 oprand2 作为参数。

如果将运算符重载为类的友元函数,则函数参数应与运算数个数相同,即原来为二目运算符,运算符重载函数应有两个参数。例如,对二目运算符＋,运算表达式为 oprnd1＋oprnd2,如果将运算符重载为类的友元函数,C++ 将表达式解读为 operator＋(oprnd1,oprand2),函数需要两个运算数作为参数。下面例子将运算符＋重载为类 Complex 的成员函数。

```
class Complex{
    double real;
    double imag;
public:
    Complex(double rl=0,double img=0):real(rl),imag(img){}
    Complex operator+(const Complex & right);      //重载运算符为成员函数,仅有
                                                   //一个参数
    void show(){
        cout<<real<<","<<imag<<endl;
    }
};
Complex Complex :: operator+( const Complex & rt){
    return Complex(real+rt.real, imag+rt.imag); //左运算数来自类本身

}
```

＋运算符重载为类的成员函数后,运算符的使用形式不变,主函数程序代码与上面重载为类的友员相同,程序的运算结果也相同。下面重载＝＝运算符,能够判定两个复数是否相等。

例 7-2　重载运算符＝＝为友元函数,判定两个复数是否相等。

```
#include <iostream.h>
class Complex{
    double real;
    double imag;
public:
```

```
        Complex(double rl=0,double img=0):real(rl),imag(img){}
        friend bool operator==( const Complex & left, const Complex & right);
                                                //重载为友元
};
bool operator==( const Complex & lt, const Complex & rt){
    if(lt.real==rt.real && lt.imag==rt.imag)
        return true;
    return false;
}
int main(){
    Complex c1(1,2),c2(3,4),c3(1,2);
    if(c1==c2)                              //使用重载运算符
        cout<<"c1 等于 c2\n";
    else
        cout<<"c1 不等于 c2\n";
    if(c1==c3)
        cout<<"c1 等于 c3\n";
    else
        cout<<"c1 不等于 c3\n";
    return 0;
}
```

程序运行结果：

```
c1不等于c2
c1等于c3
Press any key to continue
```

若将==重载为类的成员函数,程序代码为

```
bool Complex:: operator==( const Complex & rt){
    if(real==rt.real && imag==rt.imag)
        return true;
    return false;
}
```

将运算符重载为类的成员函数时,运算符的第一个运算数必须是类的对象,因为第一个运算数要作为对象调用成员函数,而且类必须是用户自定义的类,否则不可能将重载函数添加到类中成为类的成员。例如,一个实数与复数相加运算,如 3.0+c,运算符就不能重载为类 Complex 的成员函数,因为 3.0 不是类的对象,而 c+3.0 运算,就可以将运算符重载为类的成员函数。再如流插入运算符<<,其左操作数是 ostream 的对象,而 ostream 不是用户定义的类,因而无法将<<重载为 ostream 的成员函数,只能将<<重载为类的友元函数。

例 7-3 重载运算符<<为日期类 Date 的友元函数,输出日期。

```
#include <iostream.h>
class Date{
```

```
    int year;
    int month;
    int day;
public:
    Date(int yr,int mth,int dy):year(yr),month(mth),day(dy){}
    friend ostream & operator<<(ostream & out,Date &date); //重载为友元函数
};
ostream& operator<<(ostream & out,Date & date){
    out<<date.year<<"-"<<date.month<<"-"<<date.day<<endl;
    return out;
}
int main(){
    Date date1(2014,01,05),date2(2014,11,28);
    cout<<date1<<date2;
    return 0;
}
```

程序运行结果：

```
2014-1-5
2014-11-28
Press any key to continue
```

之所以将流插入运算符<<重载函数的返回类型设置为 ostream 的引用，是考虑<<
运算符的连续输出功能。对象的引用实际代表一个存在的对象，可以当作左值使用。
cout<<date1<<date2 解读为(cout<<date1)<<date2，即(cout<<date1)的结果仍
然代表输出流的对象，可以继续输出 date2。

单目自增运算符++、自减运算符--有前置和后置两种形式，作为语句单独出现
时，两种形式作用相同，没有区别。但与其他语句混合使用时，前置形式是首先自增 1，然
后才进行其他操作，后置形式是首先进行其他操作，然后再自增 1。例如：

```
x=1;
y=++x;              //此时 y=2,x 变成 2.先自增,再赋值
y=x++;              //此时 y=2,x 变成 3.先赋值,再自增
```

C++ 用增加一个整型参数的方法，用来区分重载前置和后置这两种形式的运算符。
前置运算符与其他运算符重载的形式一样，后置运算符增加一个整型参数，该参数不起任
何实质作用，仅作为区分标志。如果将++运算符重载为类的成员函数，因为运算符为单
目运算符，则前置形式的运算符重载形式没有参数：

```
returnType operator++()
{
    function body;
}
```

后置形式添加一个整型标志参数：

```
returnType operator++(int)
```

```
{
    function body;
}
```

因标志参数不起实质作用,所以重载时可以省略参数名,仅给出类型 int。下面以自增运算符++为例,说明前置和后置运算符的重载。

例 7-4 重载运算符++为成员函数,重载流插入运算符<<,输出 Time 时间类。

```
#include<iostream.h>
class Time{
    int hour;
    int minute;
    int second;
public:
    Time(int h=0,int m=0,int s=0):hour(h),minute(m),second(s){}
    Time& operator++();                      //重载为前置形式,返回引用
    Time operator++(int);                    //重载为后置形式,用参数 int 标志
    friend ostream & operator<< (ostream & out,Time &time);//重载<<
};
Time& Time::operator++(){
    second++;
    if(second>=60){
        second-=60;
        minute++;
        if(minute>=60){
            minute-=60;
            hour=(hour+1)%24;
        }
    }
    return (*this);                          //返回自增后的对象
}
Time Time::operator++(int){
    Time old=*this;                          //用 old 记录当前状态的对象
    second++;
    if(second>=60){
        second-=60;
        minute++;
        if(minute>=60){
            minute-=60;
            hour=(hour+1)%24;
        }
    }
    return old;                              //返回自增前的对象
}
ostream& operator<< (ostream& out,Time& time){
```

```
        out<<time.hour<<":"<<time.minute<<":"<<time.second;
        return out;
}
int main(){
        Time time(11,59,58);
        for(int i=0;i<4;i++)
            cout<<time++<<endl;                    //使用后置运算符
        cout<<endl;
        for(i=0;i<3;i++)
            cout<<++time<<endl;                    //使用前置运算符
        return 0;
}
```

程序运行结果：

```
11:59:58
11:59:59
12:0:0
12:0:1

12:0:3
12:0:4
12:0:5
Press any key to continue
```

上例程序中，前置自增运算符重载函数返回时间的引用，主要是考虑返回结果可以成为左值。在本例中不作为左值使用，所以重载函数也可返回类 Time 的对象。后置自增运算符的重载函数只能返回时间类 Time 的对象，不能返回引用，因为函数体中 old 为临时对象，函数调用结束 old 将消亡。若返回引用，此时引用将表示一个已经消亡的对象。另外，后置形式一般仅作为右值使用，不需要返回对象的引用。这里时间自增指的是秒加1，作为前置自增运算符，重载函数应该返回自增后的时间对象，所以先将秒加1，然后返回自增后的时间对象。后置自增运算符，应该先将自增前的对象状态返回，然后再将秒加1，所以用一临时对象 old 记录时间自增前的状态。

7.3 虚函数

7.3.1 虚函数的引入

函数重载是同名函数能够根据不同的参数个数或不同的参数类型，执行不同的函数功能，体现了"一名多用"的多态性。运算符重载是同一运算符对基本数据类型和自定义的类类型，可用相同的表达式进行运算，体现了"一符多用"的多态性。函数重载和运算符重载是在编译时就确定了重载函数将要执行的功能，称为编译时多态。

在类的继承层次中，子类继承了父类的特征，自己也具有了新特征。子类具有的与父类相似的行为，可用相同名称的函数实现。这样既体现了子类与父类行为的相似性，又省去了命名不同函数名称的烦恼，不过这时子类的行为就覆盖了父类的同名行为。由于基类与派生类的类型兼容规则是虚函数的前提，在此仔细分析一下兼容规则机制。看下面的例子：

例 7-5　子类与基类的兼容性。

```cpp
#include <iostream>
#include <string>
using namespace std;
class Student{
    string name;
    int age;
    float score;
public:
    Student(string nm,int age,float score);
    void display() const;
};
Student::Student(string nm,int a,float s):name(nm),age(a),score(s){}
void Student::display() const{
    cout<<"姓名:"<<name<<",年龄:"<<age<<",分数:"<<score<<endl;
}
class Graduate:public Student{
    string speciality;              //所学专业
public:
    Graduate(string name,int age,float score,string spc);
    void display() const;           //定义同名成员
};
Graduate::Graduate(string nm,int a,float s, string sp):Student(nm,a,s),
speciality(sp){}
void Graduate::display() const{
    Student::display();             //调用父类同名成员
    cout<<"专业:"<<speciality<<endl;
}
int main(){
    Student st("李强",18,95);
    Graduate gt("高原",25,93,"软件工程");
    st.display();
    gt.display();
    st=gt;                          //派生类对象赋值给基类对象
    st.display();
    Student &rs=gt;                 //派生类对象初始化基类的引用
    rs.display();
    Student * ps;
    ps=&gt;                         //基类指针指向派生类对象
    ps->display();
    return 0;
}
```

程序运行结果：

```
姓名:李强，年龄:18，分数:95
姓名:高原，年龄:25，分数:93
专业:软件工程
姓名:高原，年龄:25，分数:93
姓名:高原，年龄:25，分数:93
姓名:高原，年龄:25，分数:93
Press any key to continue
```

父类对象 st 与子类对象 gt 在内存中是两个不同的实体，但子类实体 gt 由两部分组成，一部分来自父类，一部分是新增加部分，如图 7-1 所示。

子类对象 gt 中有两个 display() 行为，一个是继承的来自父类 Student 的行为 display()，一个是自己的行为 display()，两者具有不同的内存地址。子类对象 gt 调用函数 display() 时，执行的是自己的行为，父类 Student 的 display() 行为被隐藏。将子类对象 gt 赋值给父类对象

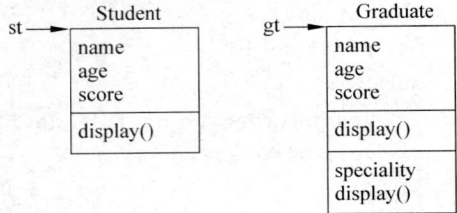

图 7-1　父类与子类实体图

st 后，实际是将子类对象 gt 中包含的 Student 部分的数据成员赋值给父类对象 st，并非父类对象 st 成为子类 Graduate 的对象，所以父类对象 st 输出了从子类对象"高原"得到的学生部分的信息，研究生的"专业"信息没有输出。研究生是学生，但不能说学生是研究生，所以将父类对象 st 赋值给子类对象 gt 是非法的，这样 gt 不能获得完整的信息。用子类对象 gt 初始化父类的引用 rs，rs 就代表子类对象中从父类 Student 继承来的那部分，成为 gt 中继承的父类部分的别名，rs 调用的是继承来的行为 display()，输出的是学生部分的信息。父类的指针不是实体，可以指向父类对象，也可以指向子类对象。子类对象 gt 的起始地址与 gt 中包含的来自 Student 部分的起始地址是同一个地址，见图 7-1。所以父类指针指向子类对象"研究生"时，正是指向了"研究生"继承的父类部分的起始地址，调用了继承的父类 Student 部分的行为 display()，所以同样仅输出了学生部分的信息，没有输出"专业"信息，但这不是我们预期的结果。要想使父类指针指向子类对象"研究生"时，能够调用"研究生"的行为 display()，输出"专业"信息，只有将基类指针下移，指向"研究生"自己的行为 display()，这正是虚函数所起的作用。

子类对象也可通过显式指定父类来执行父类的行为，看例 7-6。

例 7-6　子类对象调用父类成员函数。

```cpp
#include <iostream>
using namespace std;
class Bird{
public:
    void singing(){
        cout<<"bird singing…\n";
    }
};
class Sparrow:public Bird{
public:
```

```
    void singing(){
        cout<<"sparrow jiji zha…\n";
    }
};
class Cuckoo:public Bird{
public:
    void singing(){
        cout<<"cuckoo gu gu…\n";
    }
};
class Crow:public Bird{
public:
    void singing(){
        cout<<"crow gua gua…\n";
    }
};
int main(){
    Bird bird;
    Sparrow sparrow;
    Cuckoo cuckoo;
    Crow crow;
    bird.singing();
    sparrow.singing();
    cuckoo.singing();
    crow.singing();
    sparrow.Bird::singing();                    //显式指定父类
    return 0;
}
```

程序运行结果：

```
bird singing…
sparrow jiji zha…
cuckoo gu gu…
crow gua gua…
bird singing…
Press any key to continue
```

上述程序重复了许多类似的语句,实现了父类"鸟"和子类"麻雀"、"杜鹃"、"乌鸦"的全部行为,子类对象通过显式指定父类,也可实现父类同名函数的功能,但这些实现形式显得刻板。能否用一个循环语句调用这些同名函数,实现不同类对象各自的行为呢?虽然调用的是不同类的对象,但这些对象都来自同一个基类,根据子类与父类的兼容原则,在语法上用父类的指针指向子类,是可以实现调用同名函数的。

例 7-7 利用循环语句改进例 7-6。

```
#include <iostream>
using namespace std;
class Bird{
```

```
public:
    void singing(){
        cout<<"bird singing…\n";
    }
};
class Sparrow:public Bird{
public:
    void singing(){
        cout<<"sparrow jiji zha…\n";
    }
};
class Cuckoo:public Bird{
public:
    void singing(){
        cout<<"gu gu…\n";
    }
};
class Crow:public Bird{
public:
    void singing(){
        cout<<"gua gua…\n";
    }
};
void sing(Bird * bird){                          //函数形参是基类的指针
    bird->singing();
}
int main(){
    Bird bird;
    Sparrow sparrow;
    Cuckoo cuckoo;
    Crow crow;
    Bird * p[]={&bird,&sparrow,&cuckoo,&crow}; //定义指针数组
    for(int i=0;i<4;i++)
        sing(p[i]);
    return 0;
}
```

程序运行结果：

```
bird singing…
bird singing…
bird singing…
bird singing…
```

利用类型兼容规则，虽然在语法上实现了用循环语句调用同名函数，但由于前述的原因，将派生类对象传递给函数 singing()，执行结果麻雀、杜鹃和乌鸦只体现了鸟的共性，自己的个性却消失了。C++ 设计的虚函数机制，解决了基类与派生类的同名操作表现个

性的问题。

7.3.2　虚函数的作用

　　声明一个虚函数与声明一个普通函数类似,仅在函数声明语句的最前面加上关键字
virtual 即可。声明一个虚函数的形式为

virtual returnType functionName(parameter list);

其中,virtual 是声明虚函数的关键字,returnType 是虚函数的返回类型,functionName 是
虚函数名,parameter list 是函数形参表。仅在虚函数声明时需要加 virtual 关键字,在虚
函数实现部分不需要加 virtual 关键字。如果基类声明了虚函数,在基类下层的所有派生
类的同名函数自动成为虚函数,派生类中同名虚函数的声明可以省略 virtual 关键字。这
里同名函数是指两函数完全相同,即函数的返回类型,函数参数的类型、参数个数和参数
出现的次序都相同,否则起不到虚函数的作用。下面通过例子说明虚函数的作用。
　　例 7-8　虚函数的作用举例。

```
#include <iostream>
using namespace std;
class Base{
public:
    virtual void show(){                    //基类声明虚函数
        cout<<"showing base.\n";
    }
};
class Derived:public Base{
public:
    virtual void show(){
        cout<<"showing derived.\n";
    }
};
int main(){
    Base base;
    Derived derived;
    Base * p=&derived;                      //基类指针指向派生类对象
    p->show();
    Base &r=derived;                        //派生类对象初始化基类对象的引用
    r.show();
    base=derived;                           //派生类对象赋值基类对象
    base.show();
    return 0;
}
```

程序运行结果:

```
showing derived.
showing derived.
showing base.
Press any key to continue
```

从上述例子可以看出，当基类指针指向子类对象时，指针调用虚函数能够实现子类的行为，说明基类指针调用了子类的同名虚函数，实现了多态，达到了预期的效果。当用子类对象初始化基类引用时，也可达到多态的效果。但子类对象赋值基类对象后，基类对象调用的仍然是基类的虚函数。下面将例 7-7 的基类成员函数改造成虚函数。

例 7-9 虚函数多态性。

```cpp
#include <iostream>
using namespace std;
class Bird{
public:
    virtual void singing(){              //基类声明虚函数
        cout<<"bird singing…\n";
    }
};
class Sparrow:public Bird{
public:
    virtual void singing(){
        cout<<"sparrow jiji zha…\n";
    }
};
class Cuckoo:public Bird{
public:
    void singing(){                      //派生类虚函数可省略 virtual 关键字
        cout<<"gu gu…\n";
    }
};
class Crow:public Bird{
public:
    void singing(){
        cout<<"gua gua…\n";
    }
};
void sing(Bird* bird){
    bird->singing();
}
void sing(Bird& rb){
    rb.singing();
}
void sing2(Bird bird){
    bird.singing();
}
```

```
int main(){
    Bird bird;
    Sparrow sparrow;
    Cuckoo cuckoo;
    Crow crow;
    sing2(sparrow);
    sing(sparrow);
     Bird * p[]={&bird,&sparrow,&cuckoo,&crow};
    for(int i=0;i<4;i++)
        sing(p[i]);
    return 0;
}
```

程序运行结果：

```
bird singing…
sparrow jiji zha…
bird singing…
sparrow jiji zha…
gu gu…
gua gua…
Press any key to continue
```

在基类 Bird 中将函数 singing()声明为虚函数，则子类 Sparrow、Cuckoo 和 Crow 中同名函数自动成为虚函数。用基类 Bird 指针 p 分别指向类族中不同的类对象时，展示了虚函数的多态作用，分别执行了不同的操作，体现了不同对象的个性。这时麻雀、杜鹃和乌鸦发出了各自的叫声。下面再通过一个例子说明虚函数的作用。

列 7-10 人 Person 类派生学生 Student 类，学生派生研究生 Graduate 类。

```
#include <iostream>
using namespace std;
class Person{
    char * name;
    bool isMale;
    int age;
public:
    Person(char * name,bool isMale,int initAge);
    ~Person(){
        delete []name;
    }
    virtual void show() const;
};
Person::Person(char * nm,bool isM,int a):isMale(isM),age(a){
    name=new char[strlen(nm)+1];
    strcpy(name,nm);
}
void Person::show() const{
    cout<<name<<",";
```

```
    if(isMale) cout<<"男";
    else      cout<<"女";
    cout<<","<<age<<"岁";
}
class Student:public Person{
    float score;
public:
    Student(char * name,bool isMale,int initAge,float initScore);
    virtual void show() const;
};
Student::Student(char * nm,bool ism,int a,float s):Person(nm,ism,a),score
(s){}
void Student::show() const{
    Person::show();
    cout<<",分数:"<<score;
}
class Graduate:public Student{
    char speciality[20];
public:
    Graduate (char * name, bool isMale, int initAge, float initScore, char
initSpe[]);
    void show()const;
};
Graduate::Graduate(char * nm,bool ism,int a,float s,char spc[]):Student
(nm,ism,a,s){
    strcpy(speciality,spc);
}
void Graduate::show() const{
    Student::show();
    cout<<",专业:"<<speciality<<endl;
}
void fun(Person * person){              //函数形参为指向基类的指针
    person->show();
}
int main(){
    Person psn("高峰",true,20);
    Student st("李红",false,18,95);
    Graduate gt("王涛",true,25,96,"电子学");
    Person * p[]={&psn,&st,&gt};
    for(int i=0;i<3;i++){
        fun(p[i]); cout<<endl;
    }
    return 0;
}
```

程序运行结果：

高峰,男,20岁
李红,女,18岁,分数:95
王涛,男,25岁,分数:96,专业:电子学

基类 Person 中声明虚函数 show()，子类 Student 和 Gradute 中的同名函数自动成为虚函数。定义一个 fun()函数，函数形参为基类指针，函数的作用是调用 show()虚函数。当基类指针指向子类时，因调用的是虚函数，所以子类显示了学生和研究生各自的特性。

当类族中某个成员函数定义为虚函数时，对象与函数的绑定是在运行时实施的。虽然这种后绑定能够实现运行时的多态效应，但这种绑定会增加程序运行的开销，且有若干限制条件。

(1) 静态成员函数不能声明为虚函数。因为静态成员属于类，不专属于某个对象。

(2) 内联函数不能声明为虚函数。因为内联函数在编译时已被明确的执行代码替换。

(3) 构造函数不能是虚函数。构造函数进行对象初始化时，对象的状态尚未完全确定。

7.3.3 虚析构函数

通常析构函数应该定义成虚函数，因为当基类指针指向不同的对象时，只有通过虚析构函数，才能相应调用不同对象绑定的析构函数，否则仅调用基类的析构函数，容易造成内存泄露。

例 7-11 虚析构函数举例。

```
#include <iostream>
using namespace std;
class Base{
public:
    ~Base(){                        //基类的析构函数没有声明为虚函数
        cout<<"calling base destructor.\n";
    }
};
class Derived:public Base{
    int * p;
public:
    Derived(){
        p=new int(5);
    }
    ~Derived(){
        cout<<"calling derived destructor.\n";
        delete p;
    }
};
void fun(Base * pb){
    delete pb;
```

```
}
int main(){
    Base * b=new Derived();
    fun(b);
    return 0;
}
```

程序运行结果：

```
calling base destructor.
Press any key to continue
```

结果显示，在基类的析构函数没有声明为虚函数时，派生类的析构函数没有调用，派生类对象动态开辟的内存没有释放，造成了内存泄露。将基类的析构函数改为虚析构函数后，析构函数具有了多态效应，程序调用了不同的析构函数。将本例中基类的析构函数改为虚析构函数后，程序的运行结果如下。

```
calling derived destructor.
calling base destructor.
Press any key to continue
```

从运行结果可以看出，此时程序调用了派生类的析构函数，释放了派生类对象动态开辟的内存。

7.4　纯虚函数与抽象类

在进行类族中上层类的设计时，应该明确上层类实现的功能，但有时不知道怎样实现这些功能，这时下层类可负责具体实施上层类规划设计的功能。在这种情况下，类族中的上层类仅起规划设计工作，不负责具体实施，也就是说上层类是专用作基类仅供派生类继承而用，基类不需要实例化。一个大型软件的开发，某个程序员不可能从上到下参与全部程序的编写工作。某些人仅负责规划设计工作，确定类应该具有哪些功能，类接口应该具有怎样的形式，另一些人负责类功能的具体实现工作。

在现实世界里，有些类过于抽象，仅能知道其功能而无法具体实现。例如，每个二维图形都具有面积，因二维图形的抽象性，如何求面积无法实现，只有具体指明一个二维图形是三角形、矩形时，才能求出其面积。C++ 将不需要具体实现的函数称为纯虚函数，具有纯虚函数的类称为抽象类。纯虚函数仅有函数声明，没有函数实现。抽象类不能生成对象，不能实例化。声明纯虚函数是在函数声明最后加上"＝0"，即

virtual returnType functionName()＝0;

因为抽象类不能实例化，因此仅能作为基类供派生类继承之用。如果抽象类的子类仍含有纯虚函数，则子类仍为抽象类，仍不能实例化。派生类只有最终具体实施了基类规划的功能，即具体实现了基类声明的纯虚函数，才能生成对象，实现类的功能。

虽然抽象类不能生成实例，但可以声明抽象类的指针，函数形参也可以是抽象类的引用。根据基类与派生类的兼容原则，借用抽象类的指针或引用，可以实现运行时多态。

例 7-12　抽象类举例。

```
#include <iostream>
using namespace std;
class Player{
    char name[10];
    int age;
public:
    Player(char name[],int age);
    virtual void exercise()=0;          //纯虚函数
    virtual void show();                //虚函数
};
class BallPlayer:public Player{
    int ballAge;
public:
    BallPlayer(char name[],int age,int ballAge);
    virtual void exercise()=0;          //子类仍为纯虚函数
    virtual void show();
};
class FootballPlayer: public BallPlayer{
public:
    FootballPlayer(char name[],int age,int ballAge);
    virtual void exercise();
};
class BasketballPlayer: public BallPlayer{
public:
    BasketballPlayer(char name[],int age,int ballAge);
    virtual void exercise();
};
class VolleyballPlayer: public BallPlayer{
public:
    VolleyballPlayer(char name[],int age,int ballAge);
    virtual void exercise();
};

Player::Player(char nm[],int a):age(a){
    strcpy(name,nm);
}
void Player::show(){
    cout<<name<<","<<age<<"岁.";
}
BallPlayer::BallPlayer(char nm[],int a,int bAge):Player(nm,a),ballAge
(bAge){}
void BallPlayer::show(){
    Player::show();
    cout<<"球龄:"<<ballAge<<"年.";
```

```
}
FootballPlayer::FootballPlayer(char nm[],int a,int bAge):BallPlayer(nm,
a,bAge){}
void FootballPlayer::exercise(){
    cout<<"踢足球.\n";
}
BasketballPlayer::BasketballPlayer(char nm[],int a,int bAge):BallPlayer
(nm,a,bAge){}
void BasketballPlayer::exercise(){
    cout<<"打篮球.\n";
}
VolleyballPlayer::VolleyballPlayer(char nm[],int a,int bAge):BallPlayer
(nm,a,bAge){}
void VolleyballPlayer::exercise(){
    cout<<"打排球.\n";
}
void play(Player& player){                    //形参为基类的引用
    player.show();
    player.exercise();
}
int main(){
    FootballPlayer fPlayer("高峰",20,8);
    BasketballPlayer bPlayer("王强",19,7);
    VolleyballPlayer vPlayer("张丽",18,6);
    play(fPlayer);                            //子类初始化基类的引用
    play(bPlayer);
    play(vPlayer);
    return 0;
}
```

程序运行结果：

```
高峰，20岁.球龄:8年.踢足球.
王强，19岁.球龄:7年.打篮球.
张丽，18岁.球龄:6年.打排球.
```

程序中基类运动员"练习"exercise()是抽象的运动,无法具体实现,所以函数 exercise() 声明为类 Player 的纯虚函数,因此类 Player 为抽象基类。抽象类 Player 不能实例化,只有子类球员 Ballplayer 才能具体说明球龄,但函数 exercise()仍无法具体实现,因此类 Ballplayer 依然为抽象类。直到子类足球运动员、篮球运动员和排球运动员时,父类的纯虚函数 exercise()才能具体实现,才可以创建各自的对象,展现各自的行为。下面再看一个例子。

例 7-13　将形状 Shape 设计成抽象类,实现运行时多态。

```
#include <iostream>
using namespace std;
```

```cpp
class Shape{
public:
    virtual char * getName()=0;          //定义纯虚函数
    virtual double getArea()=0;          //定义纯虚函数
};
class Triangle:public Shape{
    double width,height;
public:
    Triangle(double w,double h):width(w),height(h){}
    char * getName(){
        return "三角形";
    }
    double getArea(){
        return (width * height)/2;
    }
};
class Rectangle:public Shape{
    double width,length;
public:
    Rectangle(double wid,double len):width(wid),length(len){}
    char * getName(){
        return "长方形";
    }
    double getArea(){
        return width * length;
    }
};
int main(){
    Shape * ps;
    Triangle t(10,5);
    Rectangle r(2,8);
    ps=&t;                              //基类指针指向子类对象
    cout<<"形状:"<<ps->getName()<<",面积:"<<ps->getArea()<<endl;
    ps=&r;                             //基类指针指向子类对象
    cout<<"形状:"<<ps->getName()<<",面积:"<<ps->getArea()<<endl;
    return 0;
}
```

程序运行结果：

```
形状:三角形,面积:25
形状:长方形,面积:16
Press any key to continue
```

形状是个抽象的概念，无法确定名称和计算面积，所以基类 Shape 将函数 getName()和 getArea()声明为纯虚函数。子类 Triangle 和 Rectangle 将基类声明的纯虚函数具体实现后，分别创建自己的对象 t 和 r，输出名称，计算出面积。

7.5　模板

7.5.1　函数模板

C++ 语言是强类型语言,每个变量必须先声明类型,然后才能使用。但有些算法和数据结构是适用于多种数据类型的。例如,栈这种数据结构,对整型数据、实型数据、字符数据都是适用的,因此必须编写针对不同数据类型的入栈和出栈操作。函数重载可用相同的函数名实现不同类型参数和数量的相似的函数功能,体现了"一名多用"的多态性。例如,求两个数的大数的函数:

```
int max(int a,int b){
    return a>b ? a:b;
}
float max(float a, float b){
    return a>b ? a:b;
}
double max(double a, double b){
    return a>b ? a:b;
}
```

上述程序利用函数重载机制,不必再用 3 个不同的函数名称,只用一个函数名实现了求不同数据类型最大值的功能。但通过观察可以看出,这些重载函数的函数体内的实现代码是一样的,我们做了重复的工作。C++ 函数模板机制可将数据类型参数化,用一套代码实现相似的功能。函数模板的声明形式为

template <typename T1, typename T2>returnType funcName(T1 para1,T2 para2);

其中,template 为声明函数模板的关键字;typename 为声明类型参数的关键字,也可用 class 代替;T1、T2 为类型参数标识符,表示类型;returnType 为函数返回类型,也可为类型参数。注意,模板函数实现部分也必须有 template <typename T1, typename T2>前缀。例如,上面的重载函数可改进为模板函数:

```
template <typename T>T max(T x, T y){
    return x >y ? x : y;
}
```

这样就可用模板函数代替上面 3 个重载函数,避免了重复的工作。也可用 class 关键字代替 typename 关键字,上述模板函数也可写成:

```
template <class T>T max(T x, T y){
        return x >y ? x:y;
}
```

例 7-14　函数模板举例。

```
#include <iostream>
using namespace std;
template<typename T>T max(T x,T y);          //声明函数模板
int main(){
    cout<<max(2,5)<<endl;
    cout<<max(6.2,8.3)<<endl;
    return 0;
}
template <typename T>T max(T x,T y){          //函数模板实现
    return x>y? x:y;
```

在调用模板函数时,系统根据实参的类型,将模板函数的类型参数替换为相应的实参类型。模板函数也可以重载,即相同的函数名可以对应多个不同的模板函数。

例 7-15　模板函数重载。

```
#include <iostream>
using namespace std;
template<typename S>max(S x,S y);
template<typename T>max(T x,T y,T z);
int main(){
    cout<<max(1,2)<<endl;
    cout<<max(1,2,3)<<endl;
    return 0;
}
template<typename S>max(S x,S y){
    return x>y ? x :y;
}
template<typename T>max(T x,T y,T z){
    T temp=x>y? x:y;
    return temp>z? temp: z;
}
```

上述程序在执行过程中,根据不同的形式的函数实参,套用不同的模板函数。

7.5.2　类模板

如果将链表定义为一个类,链表类应该对各种数据类型的元素都能操作,这就需要定义针对不同数据类型元素的多个功能相同的类。C++ 类模板机制可声明一个类模板,将类中的数据成员和成员函数中的数据类型参数化,这样就可用类模板处理不同数据类型元素的链表。看下面类模板定义的例子:

```
template<class T1,class T2>
class MyClass{
```

```
    T1 x;                    //类中成员类型参数化
    T2 y;
public:
    MyClass(T1 a,T2 b):x(a),y(b){}
    void show();
};
template<class Type1,class Type2>void MyClass<Type1,Type2>:: show(){
    cout<< "x= "<<x<< ",y= "<<y<<endl;
}
```

用类模板实例化一个类来创建对象时,在类名后用尖括号"< >"指明模板参数的具体类型,将类模板实例化。

```
int main(){
    MyClass<int,char>obj1(4,'w');        //指明 T1、T2 的类型
    MyClass<double,char>obj2(5.8,'w');
    obj1.show();
    obj2.show();
    return 0;
}
```

程序运行结果:

```
x=4,y=w
x=5.8,y=w
Press any key to continue
```

C++ 提供了功能强大的标准模板库(Standard Template Library,STL),库中包含大量计算机领域中常用的基本数据结构和算法。设想如果没有类模板和函数模板,如此强大的类库将会变得多么庞大。

7.6 小结

多态是面向对象技术的重要特征,C++ 的多态形式主要为虚函数、运算符重载、函数模板和类模板。运算符重载主要解决 C++ 固有运算符参与用户自定义类对象的运算问题。运算符重载有两种形式,一种是将运算符重载为类的成员函数,另一种是将运算符重载为类的友元函数。虚函数主要解决派生类中继承的基类函数与派生类自有函数的同名问题。当同名函数没有声明为虚函数时,基类的指针指向派生类的对象或基类引用派生类的对象时,调用的是派生类中继承的基类的同名函数。当同名函数声明为虚函数时,即可产生多态效应,调用派生类自己的同名函数。抽象基类可作为顶层设计之用,程序设计员设计好抽象基类所有功能后,程序开发人员只有按规定在派生类中实现抽象基类的功能,才能设计开发应用程序。函数模板和类模板主要解决相同程序代码适用不同数据类型的问题,是类型的参数化。C++ 的模板机制,使相同功能的代码适应不同数据类型成为可能,大大减少了重复工作,使 C++ 程序代码变得简洁明了。

习 题

1. C++ 多态有哪几种基本形式？什么是动态绑定和静态绑定？

2. 运算符重载有哪两种形式？各在什么情况下使用？

3. 用派生类对象赋值给基类对象，基类对象调用虚函数能否产生多态效应？在什么情况下虚函数能够产生多态效应？

4. 抽象类能否创建对象？其作用是什么？

5. 函数模板和类模板的实质是什么？各起什么作用？

6. 定义抽象基类 Shape"形状"，具有纯虚函数 calculateVolume()，其功能是计算体积。设计 3 个派生类正方体、长方体、球体。定义一个全局函数 calculate(Shape& s)，用派生类对象初始化基类引用，实现多态效应。在主函数 main() 中测试类的应用。

7. 定义抽象基类 Animal"动物"，属性有名称、年龄，具有纯虚函数 move()"移动"和"显示"show()。设计 3 个派生类"老虎"、"鹦鹉"和"鱼"，具体实现虚函数。在主函数 main() 中测试类的应用。

第 8 章　输入输出流

8.1　输入输出流的概念

　　计算机需要从外部设备输入数据和向外部设备输出数据。键盘是典型的输入设备，可用键盘向计算机输入要处理的数据。显示器是典型的输出设备，可以显示输入的数据和计算机处理数据的结果。输入、输出是相对计算机内存而言的，从外设向内存输送数据称为输入，也称为读入数据；从内存向外设输送数据称为输出，也称为写数据。相应地向内存输入数据的设备称为输入设备，接收内存输出数据的设备称为输出设备。计算机可以从磁盘读入数据，也可以将数据写入磁盘，所以磁盘既是输入设备又是输出设备。

　　随着计算机软、硬件技术的发展，计算机附着的外设种类也越来越多，例如，光盘、扫描仪、U盘、数码相机等移动存储设备。从软件角度考虑，程序能否用一个统一的接口和各种外部设备交互数据呢？操作系统用抽象的文件概念来代表各种各样的外部设备和通信端口。从外部设备输入数据可认为是读文件，向外部设备输出数据可认为是写文件。两台计算机通过网络端口进行远程通信，也可认为是读写文件。这样文件的概念就屏蔽了不同外设的差异，程序可用一个统一的形式处理与各种外设的数据交互。

　　无论数据从外设输入到内存，还是从内存输送到外设，都是数据从一处向另一处的流动，这种数据的流动称为流。流是字节的序列，可以是 ASCII 码字符，也可以是图形、图像、声音等各种形式的数据。

　　输入输出数据可以看作字符序列在内存与各种外设之间的流动。C++ 将程序与文件之间的数据流动抽象为流，也可认为流是程序与文件之间的中间层，程序通过流与文件关联起来。根据数据流向的不同将流分为输入流与输出流，从文件读入数据称为输入流，向文件写入数据称为输出流。有了流的概念，可认为数据的输入输出操作是通过流来实现的。

8.2　C++ 输入输出流类库

　　为了进行数据的输入输出操作，C++ 将输入输出流定义为类，建立了一个功能强大的 I/O 流类库，如图 8-1 所示。从图 8-1 可以看出，I/O 流类库中，ios 是基类，由它派生出输入流 istream 类和输出流 ostream 类。通过继承 istream 和 ostream 类，派生出输入输出流 iostream 类。输入流 istream 类和输出流 ostream 类还分别派生出文件输入流 ifstream 类和文件输出流 ofstream 类。输入输出流 iostream 类进一步派生出文件流 fstream 类。表8-1 列出了这些类库名称所在的头文件。

　　流基类 ios 以公有数据成员方式定义了枚举类型的打开方式 open_mode 和 io_state 输入输出状态。ios 派生的子类 istream 支持输入操作，类中重载了流提取运算符 >>，使之能够输入各种内置基本数据类型和字符串,类中定义的公有成员函数 get()、getline()、read()、seekg()、tellg()支持输入数据操作。ios 派生的子类 ostream 支持输出操作,类中重载了流插入运算符<<,使之能够输出各种内置基本数据类型和字符串,类中定义的公有成员函数 put()、write()、seekp()、tellp()支持输出数据操作。类 iostream 是继承 istream 和 ostream 类以多重继承方式派生的子类,显然类 iostream 既支持输入操作也支持输出操作。C++ 定义了专门支持文件操作的 ifstream 类和 ofstream 类。类 ifstream 由 istream 派生而来,支持读文件操作;类 ofstream 由 ostream 派生而来,支持写文件操作。类 ifstream 和 ofstream 类都定义了文件打开 open()和关闭 close()成员函数。类 fstream 由 iostream 派生而来,既支持文件读操作也支持文件写操作,同样定义了打开和关闭成员函数。

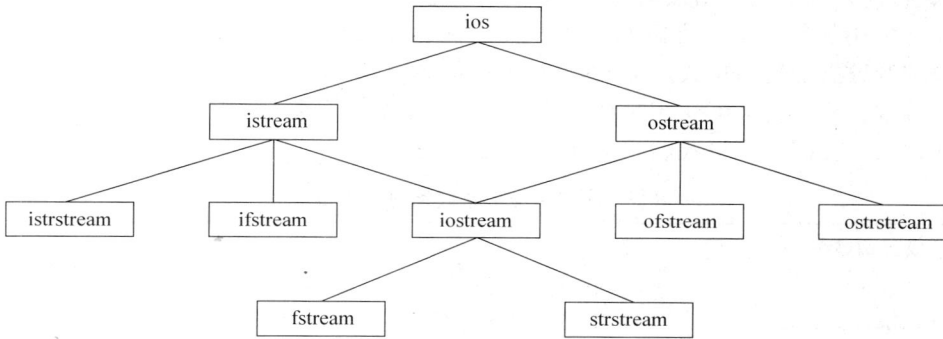

图 8-1　输入输出流类继承关系图

表 8-1　I/O 流类库中的常用类

类　　名	作　　用	所在头文件
基 类		
ios	流基类	ios
输入流类		
istream	通用输入流类	iostream
ifstream	文件输入流类	fstream
istrstream	字符串输入流类	strstream
输出流类		
ostream	通用输出流类	iostream
ofstream	文件输出流类	fstream
ostrstream	字符串输出流类	strstream
输入输出流类		
iostream	通用输入输出流类	iostream
fstream	文件输入输出流类	fstream
strstream	字符串输入输出流类	strstream

8.3 标准输入输出流

8.3.1 标准输出流

C++ 预定义了输出流 ostresm 类的 3 个对象 cout、cerr 和 clog，它们负责将数据输出到标准输出设备(显示器)。cout、cerr 和 clog 之间的不同是：cout 作为一般的显示输出，默认数据流向显示器，但可重定向到其他输出设备；cerr 对象是标准出错流，数据被指定流向显示器来显示出错信息，cerr 流中的信息只能在显示器上输出；clog 流也是标准出错流，出错信息首先存放在缓冲区，缓冲区满后或遇 endl 时向显示器输出，而 cerr 不经过缓冲区，直接向显示器输出错误信息。

cout 流中的数据是用流插入运算符＜＜顺序加入的，可用头文件 iomanip 中定义的控制符控制数据的输出格式。类 ios 是 ostream 的基类，ios 中定义了控制格式输出的公有成员函数。cout 是 ostream 的对象，所以 cout 可以调用类 ios 中的这些成员函数实现格式化输出。控制输出格式的成员函数如表 8-2 所示。

表 8-2　ios 类中控制格式输出的成员函数

成员函数名	作　　用
fill(char c)	设置空白处的填充字符为 c
precision(int n)	设置实数的精度为 n 位
width(int n)	设置输出的字段宽度为 n 位
setf(ios::flags)	设置输出格式标志 flags。具体 flags 意义见表 8-3
unsetf(ios::flags)	解除设置格式 flags

成员函数 setf() 和 unsetf() 的参数是设置格式标志参数 flags。flags 是类 ios 中定义的一系列公有枚举值。具体标志与意义如表 8-3 所示。

表 8-3　格式标志参数的意义

格式标志	作　　用
left	左对齐,填充字符在右边
right	右对齐,填充字符在左边
internal	数值的符号位在域宽内左对齐,数值右对齐中间由填充字符填充
dec	设置整数的基数为 10
oct	设置整数的基数为 8
hex	设置整数的基数为 16
showbase	强制输出整数的基数
showpoint	强制输出浮点数的小数点和尾数 0
uppercase	科学记数法 E 和十六进制输出字母时大写
showpos	正数显示＋号
scientific	科学计数法输出浮点数
fixed	小数形式输出浮点数
unitbuf	每次输出之后刷新所有流
stdio	在输出操作后刷新流

下面举例说明 cout 调用 ios 类的成员函数实现格式化输出。

例 8-1 流成员函数控制数据输出格式举例。

```
#include <iostream>
using namespace std;
int main(){
    int i;
    float array[]={1,1.2,12.34,123.456,1234.5678,12345.6789};
    cout<<"默认方式输出: \n";
    for(i=0;i<6;i++)
        cout<<array[i]<<'\t';
    cout<<endl;

    cout<<"设置 3 位数输出: \n";
    cout.precision(3);                      //设置精度为 3 位
    for(i=0;i<6;i++)
        cout<<array[i]<<'\t';
    cout<<endl;

    cout.fill('*');                         //空白处填字符 *
    cout.width(8);                          //设置元素域宽 8 位
    cout<<"设置元素域宽 8 位,空位填充 *: \n";
    for(i=0;i<6;i++)
        cout<<array[i]<<'\t';
    cout<<endl;

    cout.setf(ios_base::left);              //设置为左对齐
    cout<<"设置元素域宽 8 位,左对齐,空位填充 *: \n";
    for(i=0;i<6;i++){
        cout.width(8);                      //每次输出前设置域宽
        cout<<array[i]<<'\t';
    }
    cout<<endl;

    cout.unsetf(ios::left);                 //解除左对齐设置
    cout<<"解除左对齐设置后: \n";
    for(i=0;i<6;i++){
        cout.width(8);
        cout<<array[i]<<'\t';
    }
    cout<<endl;

    cout.setf(ios::scientific);             //设置科学计数法显示
    cout<<"设置科学计数法显示后: \n";
```

```
    for(i=0;i<6;i++)
        cout<<array[i]<<'\t';

    cout.precision(7);
    cout<<"设置精度为7位后：\n";                    //设置精度为7位
    cout.setf(ios::fixed);                          //设置固定小数位数显示
    for(i=0;i<6;i++)
        cout<<array[i]<<'\t';
    cout<<endl;
    return 0;
}
```

程序运行结果：

```
默认方式输出：
1 1.2 12.34 123.456 1234.57 12345.7
设置3位数输出：
1 1.2 12.3 123 1.23e+003 1.23e+004
设置元素域宽8位，空位填充*：
*******1 1.2 12.3 123 1.23e+003 1.23e+004
设置元素域宽8位，左对齐，空位填充*：
1******* 1.2***** 12.3**** 123***** 1.23e+003 1.23e+004
解除左对齐设置后：
*******1 *****1.2 ****12.3 *****123 1.23e+003 1.23e+004
设置科学计数法显示后：
1.000e+000 1.200e+000 1.234e+001 1.235e+002 1.235e+003 1.235e+004
设置精度为7位后：
1 1.2 12.34 123.456 1234.568 12345.68
```

空格是默认的填充符,当输出的数据不能达到指定的宽度时,系统自动以空格填充。也可改变填充符,以指定字符填充。成员函数 fill(char c)可以为已经指定域宽的空白处填充 c 字符。由程序运行结果看出,成员函数 width()设置域宽后,仅对显示的第一个输出项起作用,所以程序运行结果第 3 行仅第一个数 1 的域宽设为 8 位,填充了 7 位 *,其余 5 个数按实际宽度输出,无空格。将成员函数 width()移入循环语句后,执行每一项输出前,都设置域宽,达到了每项设置相同域宽的目的,如程序运行结果第 4 行所示,空白部分都填充了 *。

输出流默认为字符右对齐方式,可用成员函数 setf(ios::left)设置为左对齐方式。浮点数输出精度的默认值为 6,可使用成员函数 precision(int n) 将精度改变为 n。

cout 流对象和插入运算符<<输出数据时,数据流在内存中有相应的缓冲区,用来存放流中的数据。当 cout 插入一个 endl 时,不论缓冲区是否已满,立即输出流中所有数据,然后插入一个换行符。

ios 类提供了专门输出一个字符的成员函数,程序可精确地只输出一个字符：

ostream& put(char c);

ostream& put(unsigned char c);

参数 c 可以是字符,也可以是字符的 ASCII 码,输出字符后函数返回输出流的引用,因此 put()函数可以连续输出字符。

例 8-2　流成员函数 put()输出字符。

```
#include <iostream>
using namespace std;
int main(){
    cout.put('A');
    cout.put(',');
    cout.put(66).put('C').put('\n'); //连续输出字符
    for(int i=70;i<80;i++)
        cout.put(i);
    cout<<endl;
    return 0;
}
```

程序运行结果：

```
A,BC
FGHIJKLMNO
Press any key to continue
```

cerr 和 clog 是向显示器输出程序的出错信息。clog 与 cout 都要经过缓冲区输出数据，而 cerr 不经过缓冲区直接输出出错信息。

例 8-3 cerr 输出数据。

```
#include <iostream>
using namespace std;
int main(){
    double a=5,b,c;
    cout<<"please enter a number:";
    cin>>b;
    if(b==0)
        cerr<<"error!被除数不能为 0\n";
    else{
        c=a/b;
        cout<<"c="<<c<<endl;
    }
    return 0;
}
```

8.3.2 标准输入流

cin 是输入流类 istream 的对象，用来实现从标准输入设备（键盘）获取数据，获取数据的变量使用流提取运算符＞＞从流中提取数据。当使用单一运算符＞＞提取数据给一个变量时，空白符以后的字符不能被提取。当连续使用提取运算符＞＞提取数据给多个变量时，以空白符为分隔，输入回车后，该行数据被送入键盘缓冲区，形成输入流。

当遇到无效字符和文件结束符时，输入流 cin 处于出错状态，此时无法再提取数据。Ctrl＋D 或 Ctrl＋Z 是文件结束符，可结束输入流 cin 提取数据。

例 8-4 cin 输入数据。

```
#include <iostream>
using namespace std;
int main(){
    double a,b;
    cout<<"输入两个数,用空格键分隔: ";
    cin>>a>>b;                          //空格符为分隔符
    cout<<a<<endl<<b<<endl;
    cout<<"输入一个数:";
    while(cin>>a){                      //若 cin 输入错误返回 0
        cout<<a<<endl;
        cout<<"输入一个数:";
    }
    return 0;
}
```

程序运行结果：

```
输入两个数，用空格键分隔: 2.3 4.4
2.3
4.4
输入一个数:8.8
8.8
输入一个数:^D
Press any key to continue
```

在遇到文件结束即按 Ctrl+D 键时,程序结束。

因 cin 是类 istream 的对象,也可用 cin 通过 istream 的成员函数实现数据输入。下面说明 istream 成员函数的用法。

1. 成员函数 get()

cin 对象不能提取空白符,get()成员函数可以接收空白字符。istream 类重载了 3 个 get()成员函数,分别是无参数、1 个参数和 3 个参数的 get()函数。

无参数的 get()函数从流中读入一个字符(可以是空白符),函数返回值是读入的字符。如遇到输入流中的文件结束符,则函数返回文件结束标志 EOF(EOF 是宏定义,值为 -1)。

例 8-5 利用成员函数 get()输入数据。

```
#include <iostream>
using namespace std;
int main(){
    char c;
    cout<<"enter a character line:\n";
    while((c=cin.get())!=EOF)           //从键盘输入字符给变量 c
        cout.put(c);
    return 0;
```

```
}
```

程序运行结果：

```
enter a character line:
Study hard!
Study hard!
^Z
Press any key to continue
```

有 1 个参数的 get(char ch)函数从流中读入一个字符(可以是空白符)给变量 ch,若读取成功,函数返回非 0 值;若读取失败(遇到文件结束符)返回 0。例如：

```
int main(){
char ch;
cout<<"enter a character line:\n";
while(cin.get(ch))                     //从键盘输入字符给变量 ch
    cout.put(ch);
return 0;
```

有 3 个参数的 get(char * str,int n,char terminator='\n')函数从流中读取 n−1 个字符(可以是空白符)赋值给指定数组 str。若读取成功,函数返回非 0 值,若读取失败(遇到文件结束符)返回 0。如果在读取 n−1 个字符之前遇到 terminator 终止符,则提前结束读取。读取 n−1 个字符后,系统自动将字符串结束标志'\0'添加到 n−1 个字符后,实际上存放在 str 中的是 n 个字符。

例 8-6 利用成员函数 get()输入数据。

```
#include <iostream>
using namespace std;
int main(){
    char str[30];
    cout<<"enter a character line:\n";
    cin.get(str,15,'\n');                     //从键盘读入 14 个字符,存入串 str[]中
    cout<<str<<endl;
    return 0;
}
```

程序运行结果：

```
enter a character line:
I am studying C++.
I am studying
Press any key to continue
```

2. getline()函数

函数 getline(char * str , int n, char terminator='\n')从输入流中读取一行字符存入数组 str,其用法与带 3 个参数的 get()函数类似。默认结束符为'\n',也可改为其他字符。

例 8-7 利用成员函数 getline()输入数据。

```
#include <iostream>
using namespace std;
int main(){
    char str[30];
    cout<<"enter a line:\n";
    cin.getline(str,20,'/');           //输入一行数据,可包含空格符
    cout<<str<<endl;
    cin.getline(str,18);
    cout<<str<<endl;
    return 0;
}
```

程序运行结果:

```
enter a line:
I am a student./I study C++ language.
I am a student.
I study C++ langu
Press any key to continue
```

从键盘输入"I am a student. /I study C++ language. ",因程序设定遇到'/'提前结束,所以输出 I am a student。语句"cin. getline(str,18);"只能读取 17 个字符,所以后面输入的 I study C++ language 仅输出 I study C++ langu。

8.4 文件

8.4.1 文件的概念

文件是存储在外存储器中数据的集合。文件可以是磁盘文件、光盘文件、U 盘文件等。对存储在外存储器上的数据,操作系统是以文件为单位进行管理的。每个文件必须有一个文件名,读取文件中的数据或将数据存储到外存储器中,必须按文件名找到文件,然后打开文件读取或写入数据。

C++ 将文件看作字符序列。根据数据的不同存储方式,文件分为 ASCII 码文件和二进制文件。ASCII 码文件又称为文本文件,文件的每个字节存放一个字符的 ASCII 码。二进制文件又称为字节文件,文件中的数据是按数据在内存中的存储形式存放的。文本文件中一个字节代表一个字符,可直接在显示器上显示出来,使用方便,但文本文件占据较大的存储空间,且输出数据时需要花费二进制数与 ASCII 码的转换时间。二进制文件中的数值,一个字节并不对应一个字符,不能直观显示文件内容,使用不便,但文件数据输出时,不需进行二进制数与 ASCII 码的转换,且数据占用较小的存储空间。

8.4.2 文件流类

将数据从内存输送到文件,必须先将数据送到内存的文件缓冲区,然后再将缓冲区中的数据写入文件。将文件中的数据输送到内存,也必须先将数据读入文件缓冲区,然后再

将缓冲区中的数据送入内存。数据在内存与文件之间的流动序列称为文件流。为处理文件的输入输出操作,C++定义了3个专门用于文件操作的类:文件输出流类 ofstream、文件输入流类 ifstream 和文件输入输出流类 fstream,这3个类都在头文件 fstream 中定义。文件输出流类 ofstream 由输出流类 ostream 派生而来,用于文件输出操作;文件输入流类 ifstream 由输入流类 istream 派生而来,用于文件输入操作;文件流类 fstream 由输入输出流类 iostream 派生而来,既可进行文件输入操作,也可进行文件输出操作。文件的输入输出操作,主要是通过这些类的成员函数实现的。

8.4.3 文件流对象与文件的打开和关闭

利用文件流类对文件进行操作,需要创建文件流类的对象,并建立流对象与输入输出文件名之间的关联。建立流对象与文件名之间的关联后,流对象就代表了文件名所指的文件,流对象进行的所有操作即是对文件进行的操作。有两种方式建立流对象与文件名之间的关联:一种方式是创建对象时调用文件流类的有参构造函数,用构造函数的参数指定文件名,流对象创建后,指定的文件自动打开。另一种方式是首先创建无参构造函数的对象,然后调用文件流类的带文件名参数的 open() 成员函数打开指定的文件,建立流对象与文件之间的关联。两种方式仅是形式不同,效果完全相同。第一种方式较简单,因此较常使用。3个文件流类的有参构造函数和 open() 成员函数的形式如下:

```
ofstream::ofstream(const char * filename,int open_mode=iso::out);
open(const char * filename,int open_mode=iso::out);
ifstream(const char * filename,int open_mode=iso::in);
open(const char * filename,int open_mode=iso::in);
fstream(const char * filename,int open_mode);
open(const char * filename,int open_mode);
```

这些函数参数的形式是一样的,仅是打开方式的默认值不同。filename 可以是带路径的文件名,如默认路径,则默认为程序所在的路径。打开模式 open_mode 是 iso 类定义的枚举值,具体形式和意义如表 8-4 所示。

表 8-4 流类的打开模式

标　　志	意　　义
iso::in	以输入方式打开文件
iso::out	以输出方式打开文件
iso::app	以输出方式打开文件,总是在文件末尾添加数据
iso::ate	打开文件,文件指针到结尾
iso::trunc	如果文件存在,将其长度截断为 0,并清除原有内容

如果调用有参构造函数创建流对象失败,则流对象的值为 0。如果打开操作失败,open()函数的返回值为 0。输出流对象打开文件的默认方式为文本,如果文件不存在则创建新文件。流类的打开模式可用"位或"运算符"|"进行组合,例如 ios::out | ios::app

|ios::binary,是以二进制方式打开文件,每次在文件末尾添加数据。每一个打开的文件都有一个指示字符在文件中位置的指针,文件的起始位置指针值为 0,依次向后以字节为单位顺序编号,每读入或输出一个字节,指针向后移动一个字节的位置,指针值加 1。文件流中与文件指针有关的成员函数如下:

```
istream& istream::seekg(long setOff,iso::seek_dir);
long istream::tellg();
ostream& ostream::seekp(long setOff,iso::seek_dir);
long ostream::tellp();
```

seekg()与 seekp()分别是输入和输出文件指针定位函数,setOff 是设置的相对基准位置 seek_dir 的偏移量,以字节为单位,正数为相对基准位置向后偏移,负数为向前偏移。基准位置是枚举类型,有 3 个值,分别是文件开始位置 beg,文件指针当前位置 cur,文件结束位置 end。函数 tellg()和 tellp()分别为输入流和输出流的成员函数,返回当前文件指针的位置。

文件操作完毕后,可用流类的成员函数 close()关闭文件,解除流对象与文件的关联。

8.4.4 文本文件的操作

可用两种方式对文件进行读写。一是用流提取运算符＞＞读文件,用流插入运算符＜＜写文件。因类 ifstream 和 ofstream 分别继承了 istream 和 ostream 类,所以可以通过流对象,用运算符＞＞和＜＜读写文件,就像用 cin＞＞和 cout＜＜对标准设备读写一样;二是用流类的成员函数 get()、getline()和 put()实现文件的读写。

在进行文件读写时,有时需要测试流的状态,输入输出流类定义了测试状态的成员函数,如表 8-5 所示。

表 8-5 测试流状态成员函数

函 数	作 用
eof()	读到文件末尾返回 true
bad()	读写操作失败返回 true
is_open()	流与打开文件关联返回非 0

下面举例说明文件的操作。

例 8-8 将字符串写入文件,然后读出显示。

```
#include <iostream>
#include <fstream>
using namespace std;
int main(){
    char* p;
    char inStr[10],outStr[10]="abcd";
    int length;
    p=outStr;
```

```
    ofstream fout("A.txt",ios::out);        //创建输出流对象 fout,生成文件 A.txt
    if(! fout){
        cerr<<"can not open file! \n";
        exit(1);
    }
    cout<<fout.tellp()<<'\t';                //文件打开后的指针默认位置
    fout.seekp(0,ios::beg);                  //定位指针在文件起始位置
    cout<<fout.tellp()<<endl;
    while(*p){
        cout<<*p<<':'<<fout.tellp()<<endl;
        fout<<*p;                            //将*p代表的字符写入文件,位置指针自动后移
        p++;
    }
    fout.seekp(0,ios::end);                  //定位指针在文件末尾位置
    length=fout.tellp();                     //末尾位置值即文件长度
    cout<<length<<endl;
    fout.close();                            //关闭文件
    ifstream fin;                            //创建输入流对象 fin
    fin.open("A.txt");                       //打开文件 A.txt
    if(! fin){
        cerr<<"can not open file! \n";
        exit(1);
    }
    p=inStr;
    while(! fin.eof()){
        cout<<fin.tellg()<<':';
        fin>>*p;                             //读文件的字符赋值给*p,位置指针自动后移
        cout<<*p<<endl;
        p++;
    }
    fin.close();
    cout<<inStr<<endl;                       //输出读入的字符串
    inStr[length]='\0';
    cout<<inStr<<endl;
    return 0;
}
```

程序运行结果:

```
0        0
a:0
b:1
c:2
d:3
4
0:a
1:b
2:c
3:d
4:
abcd烫烫烫烫1  ↑
abcd
Press any key to continue
```

运行结果显示,输出文件流对象打开文件后,指针的默认位置为文件的起始位置 0,文件的末尾即 EOF 位置是文件最后一个字符的下一个位置,此时文件指针值恰好等于文件长度(字节)。输入文件流对象打开文件后,指针的默认位置也是文件的起始位置。读出的文件内容存入字符数组 inStr[]后,需在末尾加上字符串结束标志后,才能正常显示结果。

例 8-9　编写程序将一个文件复制成另一个文件。

```cpp
//file name: copy.cpp
#include <iostream>
#include <fstream>
using namespace std;
int main(int argc,char* argv[]){
    if(argc!=3){
        cerr<<"参数个数错误! \n";
        exit(1);
    }
    ifstream readFrom(argv[1]);         //打开文件名为 argv[1]的文件
    if(! readFrom){
        cerr<<"无法打开文件! \n";
        exit(1);
    }
    ofstream writeTo(argv[2]);          //创建文件名为 argv[2]的文件
    if(! writeTo){
        cerr<<"无法打开文件! \n";
        exit(1);
    }
    while(! readFrom.eof())
        writeTo.put(readFrom.get()); //读 readFrom 文件,写入 writeTo 文件
     writeTo.close();readFrom.close();
    return 0;
}
```

上述程序的文件名为 copy,程序功能是复制文件,程序编译连接后形成可执行文件 copy. exe。在 DOS 下输入命令 C:\>copy file1. dat file2. dat,可将名为 file1. dat 的文件,复制成名为 file2. dat 的文件。

例 8-10　编写程序将计算结果保存到文件,然后从文件读出显示。

```cpp
#include <iostream>
#include <fstream>
using namespace std;
int main(){
    double a[]={20,25,40,33};
    double b[]={3,5,6,7};
    double outcom[4];
```

```
    int i;
    ofstream fout("out.dat");
    if(! fout){
        cerr<<"open error! \n";
        exit(1);
    }
    fout.precision(4);
    for(i=0;i<4;i++){
        fout<<(a[i]/b[i])<<endl;        //两数相除,商存入文件
    }
    fout.close();
    ifstream fin("out.dat");
    if(! fin){
        cerr<<"open error! \n";
        exit(1);
    }
    for(i=0;i<4;i++){
        fin>>outcom[i];
        cout<<outcom[i]<<endl;
    }
    fin.close();
    return 0;
}
```

程序运行结果:

```
6.667
5
6.667
4.714
Press any key to continue
```

8.4.5 二进制文件的操作

输出流默认的输出模式为文本方式,由于文本的行分隔符因操作系统而异,所以文本文件使用起来容易出现问题。二进制方式是输入输出流的另一种模式,数据无需转换,将内存中的存储形式原样传送到文件。操作二进制文件主要用到下列两个输入输出流类的成员函数:

ostream::ostream& write(const char * buffer, int byteSize);
istream::istream& read(char * buffer, int byteSize);

write()函数一次将内存 buffer 中 byteSize 字节长度的数据写入文件;read()函数一次将文件中 byteSize 字节长度的数据读入内存 buffer 中。两个成员函数第一个参数的类型都是字符型的指针,具体应用时注意类型转换。

例 8-11 编写程序将整型数组数据保存到二进制文件,然后从文件读出显示。

```
#include <iostream>
#include <fstream>
using namespace std;
int main(){
    int a[]={1,3,5,7,9};
    int b[5];
    ofstream fout("out.dat",ios::binary);          //建立二进制文件 out.dat
    if(fout.is_open())
        fout.write((char*)a,sizeof(a));            //注意类型转换,数据整体写入文件
    else{
        cerr<<"open error! \n";
        exit(1);
    }
    fout.close();
    ifstream fin("out.dat",ios::binary);            //以二进制文件方式打开文件
    if(fin.is_open())
        fin.read((char*)b,sizeof(a));              //数据整体从文件读出
    else{
        cerr<<"open error! \n";
        exit(1);
    }
    for(int i=0;i<5;i++)
        cout<<b[i]<<'\t';
    cout<<endl;
    return 0;
}
```

程序运行结果:

```
1       3       5       7       9
Press any key to continue
```

例 8-12　将结构体数组保存到二进制文件,然后从文件读出显示。

```
#include <iostream>
#include <fstream>
using namespace std;
struct Employee{
    int number;
    char name[20];
    double salary;
};
int main(){
    Employee em[3]=
        {{1001,"Wang",2600},{1002,"Zhang",2800},{1003,"Liu",2900}};
    Employee rdEm[3];
    ofstream fout("Emloyee.dat",ios::binary);
```

```
    if(fout.is_open())                          //打开成功返回非 0
        fout.write((char *)em,sizeof(em));      //写入 Emloyee.dat 文件 sizeof
                                                //(em)大小的数据
    else{
        cerr<<"open error! \n";
        exit(1);
    }
    fout.close();
    ifstream fin("Emloyee.dat",ios::binary);
    if(fin.is_open())
        fin.read((char *)rdEm,sizeof(em));      //从 Emloyee.dat 文件读 sizeof
                                                //(em)大小的数据
    else{
        cerr<<"open error! \n";
        exit(1);
    }
    fin.close();
    for(int i=0;i<3;i++){
        cout<<"ID:"<<rdEm[i].number;
        cout<<",name:"<<rdEm[i].name;
        cout<<",salary:"<<rdEm[i].salary<<endl;
    }
    return 0;
}
```

程序运行结果：

```
ID:1001,name:Wang,salary:2600
ID:1002,name:Zhang,salary:2800
ID:1003,name:Liu,salary:2900
```

通常情况都是从文件开头顺序读写文件，但有时需要查找定位文件中某个特殊的数据，或在文件中某特定位置插入数据，这时就需要对文件进行随机访问。输入输出流成员函数 seekg()、seekp()和 tellg()、tellp()可帮助实现文件的随机访问。

例 8-13　将例 8-12 二进制文件 Emloyee.dat 中，第 3 个人员的姓名和工资修改后保存，然后从文件读出显示。

```
#include <iostream>
#include <fstream>
using namespace std;
struct Employee{
    int number;
    char name[20];
    double salary;
};
int main(){
    Employee em;
```

```
fstream fs("Emloyee.dat",ios::in|ios::out|ios::binary);
if(fs.is_open()){
    fs.seekg(2*sizeof(em),ios::beg);        //定位文件指针,从开始位置向后移动
                                            //两个块
    fs.read((char*)(&em),sizeof(em));       //读出第 3 个元素,存入变量 em 中
    strcpy(em.name,"Qian");
    em.salary=8800;
    fs.seekp(2*sizeof(em),ios::beg);        //定位文件指针到第 3 个元素
    fs.write((char*)(&em),sizeof(em));      //写入修改后的数据
}
else{
    cerr<<"open error! \n";
    exit(1);
}
fs.seekg(0,ios::beg);                       //定位文件指针到文件起始位置
for(int i=0;i<3;i++){
    fs.read((char*)(&em),sizeof(em));       //读出数据存入变量 em
    cout<<em.number<<','<<em.name<<','<<em.salary<<endl;
}
fs.close();
return 0;
}
```

程序运行结果：

```
1001, Wang, 2600
1002, Zhang, 2800
1003, Qian, 8800
Press any key to continue
```

8.5 字符串流

　　C++ 除提供了标准输入输出流类、文件输入输出流类,还提供了字符串输入输出流 ostrstream、istrstream 和 strstream 类,用于对字符串进行操作。这些类在头文件 strstream 中定义。字符串流将内存中的字符数组当作数据的源或目的地,就像标准输入设备(键盘)和标准输出设备(显示器)一样。流与字符数组之间传送数据需要经过缓冲区,待缓冲区满后,再传送给字符数组或赋值给变量。像文件流一样,字符串流类在使用之前,也必须建立字符串流类的对象与字符数组的关联,但不需要文件流的打开与关闭操作。

　　字符串输出流可以向目的地字符数组输出流数据,字符串输入流可以将字符数组作为源从中读取数据,字符串输流的构造函数为

```
ostrstream::ostrstream(char* buffer, int n,int mode=iso::out);
istrstream::istrstream(char* buffer);
istrstream::istrstream(char* buffer, int n);
```

```
strstream:: strstream(char * buffer, int n,int mode=iso::in|iso::out);
```

buffer 为与字符串流对象关联的字符数组的首地址,n 为缓冲区的字节大小,mode 为输入输出模式,与 ios 类定义的文件流打开模式相同。字符串输出流对象完成字符数据的传送后,要将一个用户自定义的字符串结束标志添加到流对象关联的字符数组的尾部。

例 8-14 将例 8-12 中的雇员信息存入数组,然后显示出来。

```cpp
#include <iostream>
#include <strstream>
using namespace std;
struct Employee{
    int number;
    char name[20];
    double salary;
};
int main(){
    Employee
    em[3]={{1001,"Wang",2600},{1002,"Zhang",2800},{1003,"Liu",2900}};
    char str[100];
    int num;
    char nam[20];
    double sal;
    int i;
    ostrstream os(str,sizeof(em));        //设置流对象 os 与输出字符串的关联
    for(i=0;i<3;i++)                      //将数据输出到字符串
        os<<" "<<em[i].number<<" "<<em[i].name<<" "<<em[i].salary;
    os<<ends;                             // ends 是 C++I/O 操作符,插入 '\0'
    cout<<str<<endl;
    istrstream is(str,sizeof(em));        //设置流对象 is 与输入字符串 str 的关联
    for(i=0;i<3;i++){
        is>>num>>nam>>sal;                //将数据从字符串读出赋值给变量
        cout<<num<<','<<nam<<','<<sal<<endl;
    }
    return 0;
}
```

程序运行结果:

```
1001 Wang 2600 1002 Zhang 2800 1003 Liu 2900
1001,Wang,2600
1002,Zhang,2800
1003,Liu,2900
Press any key to continue
```

通过以上介绍可以看出,与字符串流关联的字符数组仅作为数据在内存中的临时存储池,在需要时加入或抽取数据。字符数组的生命周期随程序运行结束而终结,不能像文件一样长期保存数据。

8.6 小结

输入输出流是内存与输入输出设备之间一个抽象的联系层,内存与各种不同的输入输出设备之间交换数据,就通过一种形式的输入输出流实现,这样输入输出流就屏蔽了不同设备之间的差异。本章主要介绍标准输入输出流和文件流,其中对文件的操作是本章重点。读写文件之前首先要打开文件,建立文件流与文件名的关联。文件操作主要是读文件和写文件两种操作方式。文件读写操作结束后要关闭文件,解除文件流与文件的关联关系。以上这些操作都是通过系统定义的文件流类完成的,所以读者应对文件流类应有充分的了解。

习 题

1. 什么是输入输出流?输入输出流类库的继承关系是怎样的?
2. 输入输出流类有哪些主要的成员函数?
3. 打开文件后,字符在文件中的位置用什么表示?
4. 文本文件和二进制文件的区别是什么?
5. 建立文件流对象与文件名的关联有哪两种方式?
6. 对文件的读写主要由流类的哪些成员函数和操作符完成?
7. 编写程序,将一个文件的内容复制到另一个文件中。
8. 编写程序,从键盘输入 10 个数并写入文件,然后读出显示在屏幕上。
9. 编写程序,将 10 个字符写入文件,然后在第 5 个字符之后插入一个字符,最后将文件中的所有字符读出显示在屏幕上。

第9章 异常处理

9.1 异常处理思想

人们总是希望设计的程序运行正常,永远不会出错,但由于运行环境出问题或用户误操作等因素,程序在运行时可能出现异常。为了避免程序运行异常时出现莫名其妙的停机或死机现象,设计的程序必须要有一定的容错能力,在发生异常时至少应有一些提示信息。这就需要在设计程序时,必须事先预测程序运行中可能遇到的各种异常情况,分别采取不同的处理措施来应对。对某些异常情况,有时必须采取立即终止程序的方法来处理,例如,当读取文件时,文件打不开或不存在,此时程序可显示"文件不存在或无法打开"并终止程序的运行。以往处理程序运行错误的一种手段是调用的函数向上层函数(函数调用者)返回一个函数值,不同的函数值说明程序是否出现异常,由上层函数根据函数值决定程序的运行。这种方法使得每次调用函数时都要根据函数值进行错误检查,使程序变得庞大而繁琐,且返回的函数值不能详细描述错误,因此该方法在设计大型程序时行不通。

C++异常处理机制,可以在程序出现异常的函数中对异常情况不做处理,而是简单地抛出异常。上层函数可以捕获异常,决定是处理异常还是再向上层函数抛出异常。这种异常处理机制可以使处理异常不在发生异常的函数中,使得下层函数专注函数功能的实现,而不必关心发生异常时如何处理,将处理异常的任务交给上层即可。设想一个函数调用了多个子函数来分别完成多项任务,如果没有异常处理机制,多个子函数必须分别处理自己可能出现的异常情况。运用C++异常处理机制,多个被调子函数对可能出现的异常情况不用处理,而由上层调用函数进行统一处理多个子函数中发生的异常,这使得整个程序变得简洁高效。

9.2 异常处理方法

9.2.1 异常处理语法

C++异常处理机制采用一个 try-throw-catch 三段式过程实现,即监测(try)块、异常抛出(throw)块和异常捕获(catch)处理块。具体语法如下:

```
try {
    someCode;
    throw expression;
    moreCode;
}
```

```
catch(typeName1 e1){
    handleCode1;
}
catch(typeName2 e2){
    handleCode2;
}
⋮
catch(typeNameN eN){
    handleCodeN;
}
```

其中,try、throw 和 catch 是进行异常处理的关键字,将有可能发生异常的语句 someCode 放在 try 语句块中进行监测。当程序运行至 try 语句块时,如果 try 块中的语句发生异常,则由 throw 语句将异常抛出,其后的 try 块中的 moreCode 语句就不再执行。throw 抛出的异常可以是一个基本数据类型的变量或具体值,也可以是一个对象。catch 语句块用来捕获 throw 抛出的异常并加以处理。异常抛出后,从紧跟在 try 块后的第一个 catch 语句开始,将 throw 抛出的异常类型与 catch 后括号内的类型 typeName 进行匹配,跳过匹配不成功的 catch 块,若匹配成功则执行 catch 语句块的异常处理语句。程序执行完异常处理语句后,从 catch 块后面的语句继续执行。

例 9-1 除 0 异常示例。

```
#include <iostream>
using namespace std;
int main(){
    int m,n;
    double quotient;
    cout<<"输入被除数和除数:\n";
    cin>>m>>n;
    try{
        if(n==0)
            throw 0;
        quotient=m/(double)n;
        cout<<m<<'/'<<n<<'='<<quotient<<endl;
    }
    catch(int e){
        cout<<"Error,divisor can not equal to zero.\n";
    }
    cout<<"End of program.\n";
        return 0;
}
```

程序运行结果 1:
```
输入被除数和除数:
6 3
6/3=2
End of program.
```

程序运行结果 2:

```
输入被除数和除数:
6 0
Error,divisor can not equal to zero.
End of program.
```

程序将可能出现的除数为 0 的异常语句放在 try 后的大括号中进行监测,如没有异常发生,即除数不为 0,则正常执行除法运算,不抛出异常,执行完 try 语句块后,跳过 catch 语句块,继续执行其后的语句。在执行 try 语句块时,一旦发现除数为 0,即用 throw 关键字将异常整型数 0 抛出,其后的 try 块中的除法运算语句就不再执行,程序直接跳转到捕获异常的 catch 语句块继续执行。因异常抛出的是整型数,与紧跟 try 语句后的 catch 语句块能够捕获的整型异常(int e)匹配,从而执行 catch 语句块中的异常处理语句,报告除零错误。catch 块的定义类似于函数定义,e 与函数参数定义类似。若程序引发除 0 异常并与 int 类型匹配后,throw 抛出的异常值 0 即赋值给 e,程序执行 catch 块的代码。

一般在大型系统的设计时才使用 C++ 异常处理机制。以上简单的例子可以不用 C++ 异常处理机制,而用一个 if-else 语句即可完成错误处理,可将上述程序改写如下:

```cpp
int main(){
    double m,quotient;
    int n;
    cout<<"输入被除数和除数:\n";
    cin>>m>>n;
    if(n==0)
        cout<<"Error,divisor can not equal to zero.\n";
    else{
        quotient=m/(double)n;
        cout<<m<<'/'<<n<<'='<<quotient<<endl;
    }
    cout<<"End of program.\n";
    return 0;
}
```

在大型系统设计时,程序一般包含许多模块和函数,往往要进行多级函数调用,情况比较复杂。此时可将可能发生异常的函数调用放在 try 语句块中,被调用的函数在执行时如果出现异常,在函数体中用 throw 语句向函数调用者抛出异常,上一级函数可以捕获异常进行处理。如果上一级函数没有捕获异常或捕获异常后不做处理,就再向上一级函数传递异常。如此逐级传递,如果最上层也无法处理异常,则程序自动终止运行。下面将例 9-1 改为函数调用的异常处理。

例 9-2 函数调用除 0 异常示例。

```cpp
#include <iostream>
using namespace std;
double divide(int dividend,int divisor);
```

```
int main(){
    try{
        cout<<"6/4="<<divide(6,4)<<endl;
        cout<<"6/0="<<divide(6,0)<<endl;
        cout<<"6/3="<<divide(6,3)<<endl;
    }
    catch(int e){
        cout<<"Error:"<<e<<" is divided by zero.\n";
    }
    cout<<"End of program.\n";
    return 0;
}
double divide(int m,int n){
    if(n==0)
        throw m;
    return m/(double)n;
}
```

程序运行结果：
```
6/4=1.5
Error:6 is divided by zero.
End of program.
```

程序中 try 块中出现异常的语句 cout<<"6/0="<<divide(6,0)<<endl 和其后的语句没有执行，跳出 try 块后执行 catch 块的出错处理程序。

下面对 C++ 异常处理机制作如下补充说明。

（1）可能出现异常的函数调用必须放在 try 块中才能进行监测。即使括号内仅有一个单一语句，try 和 catch 块也必须用大括号括起来。catch 块必须紧跟 try 块，中间不能插入任何语句。

（2）catch 块后面的圆括号中，可以只写捕获异常的类型而不用给出变量。当捕获异常进行匹配时，只检查异常类型，而不检查其值。例如：

```
try{
divide(m,n);
}
catch(int ){
    cout<<"Error,divisor can not equal to zero.\n";
}
```

如果 catch 语句给出了异常的变量名，则像函数传递一样，变量名能够捕获异常值。从例 9-2 程序运行结果可见，被除数 throw 抛出的 6 传递给了变量 e。

（3）如果在 catch 语句中没有指定异常类型，而使用了"…"删节号，则表示该 catch 语句能够捕获任何类型异常。若在 catch 块中仅有单个 throw 关键字语句，说明本 catch 块不处理异常，继续向上层抛出异常。例如：

```
catch(…){
    cout<<"Unexpected exceptions";
    throw;
}
```

（4）当 throw 语句抛出异常后，首先在抛出异常的函数中寻找与之匹配的 catch 块，若找不到，则转到上一层调用者继续寻找可能匹配的 catch 块，如此逐层寻找，直至找到与之匹配的 catch 块来处理异常。如果没有找到与之匹配的 catch 块，则系统调用一个函数终止程序的运行。

9.2.2 定义异常类

为了更清晰地表示异常情况，异常类型不仅可以是基本数据类型，还可以定义一个类来表示异常类型。异常类可以很简单，也可以较为复杂，应视具体情况而定。

例 9-3 定义异常类表示除 0 异常示例。

```
#include <iostream>
using namespace std;
double divide(int dividend,int divisor);
class DivideByZero{
public:
    exceptionShow(){
        cout<< "Error,divided by zero."<<endl;
    }
};
int main(){
    int m,n;
    cout<<"输入被除数和除数:\n";
    cin>>m>>n;
    try{
        cout<<m<<'/'<<n<<'='<<divide(m,n)<<endl;
    }
    catch(DivideByZero& e){
        e.exceptionShow();
    }
    cout<<"End of program.\n";
    return 0;
}

double divide(int m,int n){
    if(n==0)
        throw DivideByZero();
    return m/(double)n;
}
```

程序运行结果：

```
输入被除数和除数:
8 0
Error,divided by zero.
End of program.
```

上述程序中，throw DivideByZero()语句抛出类 DivideByZero 的对象 DivideByZero()，catch 语句块捕获的异常类型为类 DivideByZero 的引用。

9.3　在定义函数时声明异常

C++ 异常机制一般是处理函数调用时发生的异常。异常发生后，抛出的异常是沿着函数调用链向上传送，直到被某个调用函数捕获，因此函数调用者事先要做好捕获异常的准备。但由于模块之间相对独立，使得上层调用函数可能不清楚下层被调函数是否会发生异常或产生异常后会抛出什么类型的异常，这给上层函数捕获异常带来麻烦，使得对异常的处理无从下手。对一个可能产生异常的函数，如果在定义时能够声明发生异常后可能抛出的异常类型，那么上层调用者就可有针对性地做好捕获异常的准备工作。C++ 通过声明函数时添加异常说明实现上述目的，其语法是在函数声明和定义的函数头的尾部用关键字 throw 说明异常类型：

```
returnType funName1() throw(exceptionType1, exceptionType2);
returnType funName2() throw();
```

上面语句 exceptionType1、exceptionType2 是函数抛出的异常类型，说明函数 funName1() 只能抛出 exceptionType1、exceptionType2 类型的异常，如果抛出其他类型的异常，将导致程序终止运行。若 throw 后的括号内为空，说明函数不抛出任何异常，上述 funName2() 函数不抛出任何异常。若函数声明没有 throw 部分，说明函数可以抛出任何类型异常。异常说明是函数的一部分，在函数定义时也要有异常说明部分。

例 9-4　将例 9-3 修改为带异常说明的函数。

```cpp
#include <iostream>
using namespace std;
class DivideByZero{
public:
    exceptionShow(){
        cout<<"Error,divided by zero."<<endl;
    }
};
double divide(int dividend,int divisor) throw(DivideByZero);
int main(){
    int m,n;
    cout<<"输入被除数和除数:\n";
    cin>>m>>n;
    try{
```

```
        cout<<m<<'/'<<n<<'='<<divide(m,n)<<endl;
    }
    catch(DivideByZero& e){
        e.exceptionShow();
    }
    cout<<"End of program.\n";
    return 0;
}
double divide(int m,int n) throw(DivideByZero){
    if(n==0)
        throw DivideByZero();
    return m/(double)n;
}
```

以前定义的函数都是可以抛出任何类型异常的函数,现在函数 divide(int m,int n)仅能抛出 DivideByZero 类型的异常,抛出其他类型异常程序将终止运行。

9.4 C++ 标准异常类

将异常类型定义为类,可以方便灵活地描述异常和处理异常。C++ 标准提供了一组标准异常类,对常见的异常进行处理。这些异常类库的基类是 exception,其他所有异常类都是其派生类,它们的继承关系如图 9-1 所示。

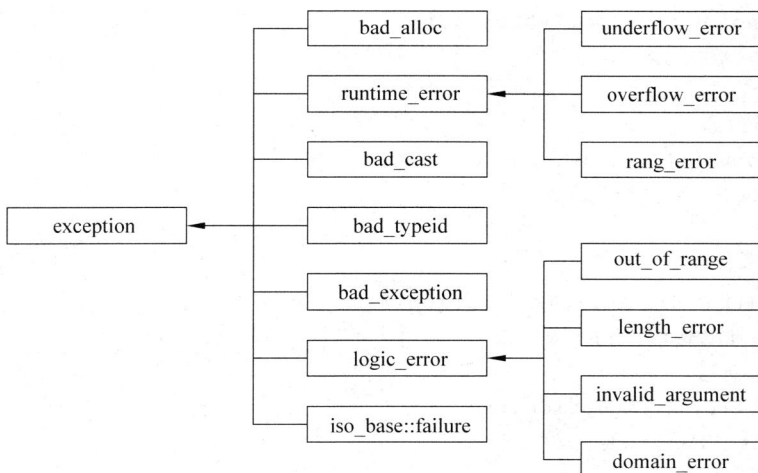

图 9-1　标准异常类库的继承关系

由图 9-1 可知,类 runtime_error 和 logic_error 又分别派生出多个子类。基类 exception 提供了一个虚成员函数 what(),它返回一个字符串,用于表示错误信息。函数 what()的声明如下:

```
virtual const char * what() const throw();
```

此函数可以在派生类中重新定义。有关这些标准异常类的应用和它们所在的头文件,可查阅相关类库的资料。

9.5 异常处理中对象的析构

当 try 块中的语句或 try 块调用的函数发生异常,程序控制权将离开函数和 try 块转到 catch 子句,这时如果在 try 块中或在 try 块调用的函数中定义了对象,则这些局部对象将消亡,程序将调用它们的析构函数,这时应做好对象消亡前的清理工作。

例 9-5 异常中的对象析构举例。

```cpp
#include <iostream>
using namespace std;
class MyException{
public:
    exceptionShow(){
        cout<<"catch an error.\n";
    }
};
class Demo{
    char * p;
public:
    Demo(char * r){
        p=new char[strlen(r)+1];
        strcpy(p,r);
    }
    ~Demo(){
        cout<<"Demo destructor.\n";
        delete []p;
    }
};
void fun(int x) throw(MyException){
    Demo d("Hello");
    if(x==1)
        throw MyException();
    cout<<"fun() OK! \n";
}
int main(){
    int x;
    cout<<"enter x value:";
    cin>>x;
    try{
        fun(x);
    }
```

```
    catch(MyException& e){
        e.exceptionShow();
    }
    return 0;
}
```

程序运行结果 1：

```
enter x value:2
fun() OK!
Demo destructor.
```

程序运行结果 2：

```
enter x value:1
Demo destructor.
catch an error.
```

程序运行结果 1 没有出现异常，程序执行完 fun() 的所有语句后，Demo 对象才离开作用域，调用析构函数。程序运行结果 2 出现了异常，程序调用 fun() 时抛出了异常，没有执行 fun() 函数中的 cout<<"fun() OK! \n"语句，Demo 对象就离开作用域，调用了析构函数。若局部对象在异常发生时提前消亡，如有必要，应提前做好清理工作。

9.6 小结

异常处理主要解决程序运行过程中由于环境变化或用户误操作发生的运行错误。编写异常处理程序必须事先估计异常可能发生的各种情况，设定异常发生的类型，当抛出的异常类型与事先设定的捕获类型匹配时，才能捕获与处理异常。异常抛出机制使得可能发生异常的函数可以不编写异常处理代码，而是简单地将异常抛出，将异常交由上层的调用函数处理，本函数只专注功能实现的代码。用户可以设计自己的异常类，当发生异常时抛出类的对象，由上层函数捕获相应的对象，并进行异常处理。

习　　题

1. 什么是异常处理？为什么要有异常处理机制？
2. C++ 异常处理的语法是怎样定义的？
3. 如何在函数声明时指明可能发生的异常类型？
4. 定义一个 Time 类，类中有属性 hour、minute 和 second，成员函数有构造函数和设置函数 setHour(hour)、setMinute(minute) 和 setSecond(second)。设计一个异常类，当设置属性参数错误时抛出异常。
5. 将第 4 题的异常类设置成基类，定义一个虚函数 const char * getWhy() 报告错误，再定义 3 个派生类，重写虚函数，具体报告 3 种不同的设置属性错误。编写主函数，用 catch 子句捕获基类异常的引用，利用多态机制，处理报告错误。

第 10 章　综 合 设 计

　　类是一种用户自定义的抽象数据类型,包含数据成员与函数成员,即类的属性和方法。设计一个类,主要是设计类的方法,实现对数据成员的操作。类的设计者应该用面向对象思想设计出符合软件工程要求的类。本章结合具体案例,进一步说明类的设计与使用方法。

10.1　顺序表的设计

　　线性表是最基本的数据结构,是 n 个元素的有序序列。表中第一个元素没有前驱,最后一个元素没有后继,其余元素仅有一个前驱和一个后继。若在内存中使用一组地址连续的存储单元存储表中元素,则这样的线性表称为顺序表(Sequential List)。

　　数组元素是用连续内存存储的,因此顺序表可用一维数组表示。但因顺序表的长度是变化的,所需要的最大存储空间也可能变化,所以应用动态数组表示顺序表。顺序表的基本操作有创建表、向表中插入元素、删除表中元素、查找表中元素、求表长、判表空等。可建立一个头文件 SeqList.h 来声明 SeqList 顺序表类,然后建立一个源文件 SeqList.cpp 定义类的功能。为了处理程序运行时可能出现的各种错误,定义一个异常类来处理不同的错误。下面首先建立一个 Error.h 头文件来声明异常类:

```
//Create a header file Error.h to declare exception
class Error{                        //声明异常基类
public:
    virtual char * getWhat()=0;     //返回异常情况说明的虚函数
};
class NumError:public Error{        //创建顺序表时元素数量异常类
public:
    virtual char * getWhat();
};
class LocationError:public Error{   //查找表中元素时,给出的元素位置异常
public:
    virtual char * getWhat();
};
class InsertLocError:public Error{  //插入元素位置异常
public:
    virtual char * getWhat();
};
class RemoveLocError:public Error{  //删除元素位置异常
public:
```

```
virtual char * getWhat();
};
```

上述程序定义一个抽象基类作为 catch 子句捕获的异常类型,类中包含 getWhat()纯虚函数,返回异常说明字符串。各个派生类具体实现 getWhat()虚函数,派生类对象作为 throw 子句抛出的类型实体。当 catch 子句捕获派生类对象的引用后,产生多态效应,能够具体解释不同的异常情况。下面建立一个定义异常类的 Error. cpp 源文件:

```
//Create a source file Error.cpp to define exception
#include"Error.h"
#include<iostream>
using namespace std;
char * NumError::getWhat(){
    return "表的元素个数参数错误!";
}
char * LocationError::getWhat(){
    return "元素位置错误!";
}
char * InsertLocError::getWhat(){
    return "插入元素位置错误!";
}
char * RemoveLocError::getWhat(){
    return "删除元素位置错误!";
}
```

下面建立一个头文件 SeqList. h 来声明顺序表类,在调用时有可能出现异常的成员函数中,在声明函数时指明了可能发生的异常类型。设计的顺序表类应该对各种类型的数据都能进行操作,因此将类设计成为一个普适的模板类型。

```
//Create a header file: SeqList.h
int const AddCapacity=10;        //开辟的内存容量不足时,增加的内存空间大小
template<class T>                //定义类模板
class SeqList{
    private:
        T * elem;                //表首地址
        int length;              //表长度
        int capacity;            //动态开辟的顺序表内存空间容量
    public:
        SeqList(int initCapacity); //创建一个初始容量为 initCapacity 的空表
        ~SeqList();                //删除表,释放存储空间
        void build(int number) throw(NumError);
        //创建具有 number 个元素的表,number 超出范围时发生异常
        void display();          //显示表中元素
        bool isEmpty()const;     //判表空
        bool isFull()const;      //判表满
```

```
        int getLength()const;                //求表的长度
        T getElem(int location)const throw(LocationError);
        //得到第 location 个元素的值,location 超出限制时产生异常
        int find(T e)const;                  //找到元素 e 的位置
        void insert(int location,T element) throw(InsertLocError);
        //在表的第 location 个位置插入元素 element,location 超出限制时产生异常
        T remove(int location) throw(RemoveLocError);
        //删除表中第 location 个元素,location 超出限制时产生异常
        void clear();                        //清空表
    };
```

下面建立一个 SeqList.cpp 源文件具体定义类的接口实现。程序首先定义构造函数,用动态分配内存语句创建一定容量的元素为零的空表,即表长为零。类的实现文件如下:

```
//Create a source file: SeqList.cpp to define member function
#include "SeqList.h"
#include "Error.h"
#include<iostream>
using namespace std;
template<class T>
SeqList<T>::SeqList(int m){              //构造函数,创建容量为 m 的空表
    elem=new T[m];                       //动态开辟表空间
    length=0;                            //空表
    capacity=m;                          //表容量为 m
}
template<class T>
SeqList<T>::~SeqList(){                   //析构函数
    delete []elem;                        //释放表空间
    length=0;
    capacity=0;
}
template<class T>
void SeqList<T>::build(int n) throw(NumError){    //创建含 n 个元素的表
    if(n<1||n>capacity)                  //元素个数 n 错误
        throw NumError() ;
    for(int i=0;i<n;i++){
        cout<<"请输入第"<<i<<"个元素:\n";
        cin>>elem[i];
    }
    length=n;
}
template<class T>
void SeqList<T>::display(){
    for(int i=0;i<length;i++){
        cout<<i<<':'<<elem[i]<<"\t";
```

```
    }
    cout<<endl;
}
template<class T>
bool SeqList<T>::isEmpty()const{
    return length==0;
}
template<class T>
bool SeqList<T>::isFull()const{
    return length==capacity;
}
template<class T>
int SeqList<T>::getLength()const{
    return length;
}
template<class T>
T SeqList<T>::getElem(int loc)const throw(LocationError){
//返回表中第 loc 个位置的元素
    if(loc<0||loc>=length)                   //位置错误
        throw LocationError();
    return elem[loc];
}
template<class T>
int SeqList<T>:: find(T e)const{             //查找元素 e 的位置
    for(int i=0;i<length;i++){
        if(elem[i]==e)
            return i;
    }
    return -1;                               //元素 e 不存在
}
template<class T>
void SeqList<T>::insert(int loc,T e) throw(InsertLocError){
//在位置 loc 处插入元素 e
    if(loc<0||loc>length)                    //插入位置错误
        throw InsertLocError();
    if(isFull()){                            //表满,需开辟空间
        capacity+=sizeof(T) * AddCapacity;   //增加 AddCapacity 大小的容量
        elem=(T *)realloc(elem,capacity);    //重新开辟空间
    }
    for(int i=length;i>=loc;i--)
        elem[i]=elem[i-1];                   //loc 位置后的元素逐个后移
    elem[i+1]=e;                             //在 loc 处插入元素 e
    length++;
}
template<class T>
T SeqList<T>::remove(int loc) throw(RemoveLocError){
```

```
                //删除 loc 处的元素
            if(loc<0||loc>length)                      //删除位置错误
                throw RemoveLocError();
            T temp=elem[loc];
            for(int i=loc+1;i<length;i++)              //loc 后的元素前移
                elem[i-1]=elem[i];
            length--;
            return temp;                               //函数返回删除的元素
        }
        template<class T>
        void SeqList<T>::clear(){
            length=0;
        }
```

上述插入元素 insert(int loc，T e)成员函数在表满时，需要增加内存空间，这时用到库函数 realloc()，其函数原型是 void * realloc(void * p，unsigned size)，功能是分配 size 字节大小的内存空间，并返回指向该空间的首地址，分配的空间保存 p 指向的内存空间的数据。

下面程序建立源文件 SeqMain.cpp 实现顺序表类的应用：

```cpp
#include "SeqList.h"
#include "Error.h"
#include <iostream>
using namespace std;
int main(){
    int capacity,num,loc;
    char e;
    cout<<"输入要创建表的容量：\n";
    cin>>capacity;
    SeqList<char>list(capacity);                      //模板实例化
    cout<<"输入要创建表的元素数量：\n";
    cin>>num;
    try{
        list.build(num);
        cout<<"创建的顺序表是：\n";
        list.display();
        cout<<"输入要查找的元素位置：\n";
        cin>>loc;
        e=list.getElem(loc);
        cout<<"第"<<loc<<"个元素是："<<e<<endl;
        cout<<"输入要查找的元素值：\n";
        cin>>e;
        loc=list.find(e);
        if(loc<0)
            cout<<"元素不存在！\n";
```

```
        else
            cout<<"元素"<<e<<"在表中第"<<loc<<"个位置."<<endl;
        cout<<"输入要插入的元素位置：\n";
        cin>>loc;
        cout<<"输入要插入的元素值：\n";
        cin>>e;
        list.insert(loc,e);
        cout<<"插入元素后：\n";
        list.display();
        cout<<"输入要删除的元素位置：\n";
        cin>>loc;
        list.remove(loc);
        cout<<"删除元素后：\n";
        list.display();
    }
    catch(Error& err){                        //统一用抽象基类的引用作为参数
        cout<<err.getWhat()<<endl;
    }
    return 0;
}
```

程序运行结果：

```
输入要创建表的容量：
6
输入要创建表的元素数量：
6
请输入第0个元素：
a
请输入第1个元素：
b
请输入第2个元素：
c
请输入第3个元素：
d
请输入第4个元素：
e
请输入第5个元素：
f
创建的顺序表是：
0:a    1:b    2:c    3:d    4:e    5:f
输入要查找的元素位置：
2
第2个元素是:c
输入要查找的元素值：
e
元素e在表中第4个位置.
输入要插入的元素位置：
5
输入要插入的元素值：
Q
插入元素后：
0:a    1:b    2:c    3:d    4:e    5:Q    6:f
输入要删除的元素位置：
4
删除元素后：
0:a    1:b    2:c    3:d    4:Q    5:f
```

上述顺序表的位置编号是从 0 开始的,因此实际位置应比编号位置大 1,例如,删除 4 号元素时,实际删除的是第 5 个元素。类的构造函数创建了 6 个元素的容量空间,表中元素达到 6 后,再插入一个元素时,系统动态分配增加了 10 个元素的内存空间。

10.2 银行账户程序设计

下面通过模拟一个银行账户应用程序,进一步说明 C++ 程序设计思想。银行账户类 Account 包含数据成员账号、姓名、密码和账户余额。银行账户类具有比对密码、查找账号、存款、取款和转账功能,设计类的成员函数和全局函数完成银行账户的功能。应用程序首先创建一个银行账户类 Account 的对象数组,建立多个用户的银行账户,常量 Length 表示账户数目,静态成员 curCount 表示当前的对象数目。为了处理程序运行时可能出现的各种异常,定义一个异常类来处理不同的错误,声明异常类的 Error.h 头文件如下:

```cpp
//Create a header file Error.h to declare exception
class Error{                           //声明异常基类
public:
    virtual char * getWhat()=0;        //返回异常情况的虚函数
};
class PasswordError:public Error{      //密码错异常类
public:
    virtual char * getWhat();
};
class NoAccountError:public Error{     //账号不存在异常类
public:
    virtual char * getWhat();
};
class LackMoneyError:public Error{     //余额不足异常类
public:
    virtual char * getWhat();
};
```

下面建立一个定义异常类的源文件 Error.cpp:

```cpp
//Create a source file Error.cpp
#include"Error.h"
#include <iostream>
using namespace std;
char * PasswordError::getWhat(){
    return "密码错!";
}
char * NoAccountError::getWhat(){
    return "账户不存在!";
```

```
}
char * LackMoneyError::getWhat(){
    return "余额不足!";
}
```

下面建立一个声明账户类 Account 的 Account.h 头文件：

```
#include <string>
const int Length=3;
class Account{
    string name;                                    //户主姓名
    char ID[20];                                    //账号
    char password[8];                               //密码
    double balance;                                 //余额
    static int curCount;                            //当前账户数量
public:
    Account();
    string getName()const;
    const char * getID()const;
    double getBalance()const;
    void deposit(double some);                       //存款
    void withdraw(double some) throw(LackMoneyError); //取款
    void setPassword(char * pwd);
    const char * getPassword()const;
    bool checkPassword(char * pwd) const throw(PasswordError);
    //比对密码
    void display()const;
};
```

建立一个定义类 Account 的实现文件 Account.cpp：

```
//Create a source file Account.cpp
#include"Error.h"
#include"Account.h"
#include <iostream>
using namespace std;
int Account::curCount=0;                             //静态成员初始化
Account::Account(){                                  //构造函数
    curCount++;
    cout<<"请输入第"<<curCount<<"个元素的姓名:";
    cin>>name;
    cout<<"请输入第"<<curCount<<"个元素的账号:";
    cin>>ID;
    cout<<"请输入第"<<curCount<<"个元素的余额:";
    cin>>balance;
    strcpy(password,"666666");                       //默认密码为 6 个 6
```

```
}
string Account::getName()const{
    return name;
}
const char * Account::getID()const{
    return ID;
}
double Account::getBalance()const{
    return balance;
}
void Account::deposit(double some){
    balance+=some;
}
void Account::withdraw(double some) throw(LackMoneyError){
    if(balance<some)                           //余额不足
        throw LackMoneyError();
    else
        balance-=some;
}
void Account::setPassword(char * pwd){
    strcpy(password,pwd);
}
bool Account::checkPassword(char * pwd)const throw(PasswordError){
    if(strcmp(password,pwd)==0)                //密码匹配
        return true;
    throw PasswordError();                     //密码不对
}
void Account::display()const{
    cout<<name<<'\t'<<ID<<'\t'<<balance<<endl;
}
```

建立主程序文件 AccountMain.cpp：

```
#include"Account.h"
#include"Error.h"
#include <iostream>
using namespace std;
void Display(Account * a){                      //显示所有账号信息
    for(int i=0;i<Length;i++){
        cout<<i+1<<':';
        a->display();
        a++;
    }
}
//查找账号在数组中的位置,找不到账号抛出异常
```

```
int find(Account * a,char * id) throw(NoAccountError){
    for(int i=0;i<Length;++i){
        if(strcmp(a->getID(),id)==0)
            return i;
        a++;
    }
    throw NoAccountError();
}
//转账,账号找不到抛出异常
void transfer(Account * a, char * outID, char * inID, double money)
throw(NoAccountError, LackMoneyError) {
    int locOut,locIn;
    try{
        locOut=find(a,outID);
        locIn=find(a,inID);
        (a+locOut)->withdraw(money);
        (a+locIn)->deposit(money);
    }
    catch(…){                        //捕获任意异常
        throw;                       //不处理异常,向上层抛出
    }

int main(){
    char id[16],pwd[8];
    int loc;
    Account account[Length];         //建立账号对象数组,调用默认构造函数
    cout<<Length<<"个银行账户是: \n";
    Display(account);
    //修改密码
    cout<<"输入要修改密码的账号: \n";
    cin>>id;
    try{
        loc=find(account,id);
    }
    catch(Error& e){
        cout<<e.getWhat()<<endl;
        exit(1);
    }
    cout<<account[loc].getName()<<"你好!请输入旧密码: \n";
    cin>>pwd;
    try{
        if(account[loc].checkPassword(pwd)){
            cout<<"请输入新密码: \n";
            cin>>pwd;
```

```
            account[loc].setPassword(pwd);
            cout<<"密码修改成功！\n";
        }
    }
catch(Error& e){
    cout<<e.getWhat()<<endl;
    exit(1);
}
//查询余额
cout<<"输入要查询的账号：\n";
cin>>id;
try{
    loc=find(account,id);
}
catch(Error& e){
    cout<<e.getWhat()<<endl;
    exit(1);
}
cout<<"请输入密码：\n";
cin>>pwd;
try{
    if(account[loc].checkPassword(pwd)){
        cout<<account[loc].getName()<<"你好！你的余额是："<<account
        [loc].
        getBalance()<<"元\n";
    }
}
catch(Error& e){
    cout<<e.getWhat()<<endl;
    exit(1);
}
//存款
cout<<"输入存款账号：\n";
cin>>id;
try{
    loc=find(account,id);
}
catch(Error& e){
    cout<<e.getWhat()<<endl;
    exit(1);
}
cout<<"你的余额是："<<account[loc].getBalance()<<"元\n";
double money;
cout<<"输入存款金额：\n";
```

```
cin>>money;
account[loc].deposit(money);
cout<<"你的余额是："<<account[loc].getBalance()<<"元\n";
//取款
cout<<"输入取款账号：\n";
cin>>id;
try{
    loc=find(account,id);
}
catch(Error& e){
    cout<<e.getWhat()<<endl;
    exit(1);
}
cout<<"你的余额是："<<account[loc].getBalance()<<"元\n";
cout<<"输入取款金额：\n";
cin>>money;
try{
    account[loc].withdraw(money);
}
catch(LackMoneyError& e){
    cout<<e.getWhat()<<endl;
    exit(1);
}
cout<<"你的余额是："<<account[loc].getBalance()<<"元\n";
cout<<"银行账户余额：\n";
Display(account);
//转账
char inID[16],outID[16];
bool flag;
do{
    cout<<"输入转出账号：\n";
    cin>>outID;
    cout<<"输入转入账号：\n";
    cin>>intID;
    if(strcmp(inID,outID)==0){
        flag=true;
        cout<<"转出、转入账户相同！重新输入.\n";
    }
    else
        flag=false;
}while(flag);
cout<<"输入转款金额：\n";
cin>>money;
try{
```

```
        transfer(account, outID, inID,money);
    }
    catch(Error& e){
        cout<<e.getWhat()<<endl;
    }
    Display(account);
    return 0;
}
```

程序运行结果：

```
请输入第1个元素的姓名:GaoFeng
请输入第1个元素的账号:9559910010001
请输入第1个元素的余额:1000
请输入第2个元素的姓名:WangFang
请输入第2个元素的账号:9559910010002
请输入第2个元素的余额:2000
请输入第3个元素的姓名:ZhangShan
请输入第3个元素的账号:9559910010003
请输入第3个元素的余额:3000
3个银行账户是:
1:GaoFeng         9559910010001      1000
2:WangFang        9559910010002      2000
3:ZhangShan       9559910010003      3000
输入要修改密码的账号：9559910010002
WangFang你好！请输入旧密码：666666
请输入新密码：123456
密码修改成功！
输入要查询的账号：9559910010002
请输入密码：123456
WangFang你好！你的余额是：2000元
输入存款账号：9559910010001
你的余额是：1000元
输入存款金额：200
你的余额是：1200元
输入取款账号：9559910010003
你的余额是：3000元
输入取款金额：300
你的余额是：2700元
银行账户余额:
1:GaoFeng         9559910010001      1200
2:WangFang        9559910010002      2000
3:ZhangShan       9559910010003      2700
输入转出账号：9559910010003
输入转入账号：9559910010002
输入转款金额：500
1:GaoFeng         9559910010001      1200
2:WangFang        9559910010002      2500
3:ZhangShan       9559910010003      2200
```

上述主程序中 Display(Account * a)、find(Account * a,char * id) throw(NoAccountError)、transfer() throw(NoAccountError, LackMoneyError)定义了一组全局函数,函数参数均是指向类的指针,能够调用对象的成员函数,完成账户类 Account 的对象数组相应的功能。catch(…)捕获异常子句中的单一关键字 throw,表示不处理异常,继续向上层函数抛出异常。因调用函数 transfer() throw(NoAccountError，LackMoneyError)能够抛出异常,其调用的函数 withdraw(double some) throw(LackMoneyError)也能抛出异常,因此在 withdraw()函数发生异常时,transfer()函数可不处理异常,而是继续抛出,交由最上层统一处理异常。

10.3 设计链表类

链表是线性表的另一种存储方式,与顺序表不同,链表中的元素在内存中不要求用一组连续的空间来存储。链表由一个个结点组成,结点由两个域组成,一个是数据域(data),存放有用的元素信息;另一个是指针域(next),存放指向下一个结点(后继)的指针,最后一个结点的指针域存放空值(NULL)。

为操作方便,在链表的第一个结点之前增加一个结点,称为头结点。头结点数据域可存放附加信息,指针域存放指向链表第一个结点的指针,如图 10-1 所示。

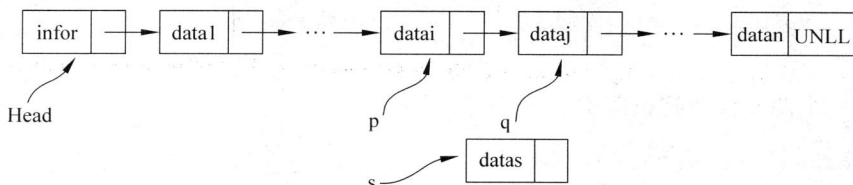

图 10-1 链表存储结构示意图

链表的基本操作有查找结点、插入结点和删除结点等。下面结合图 10-1 分析插入和删除结点的操作。如图 10-1 所示,p 是指向 i 号结点的指针,q 是指向其后继结点 j 的指针,则删除 j 结点的操作应首先使结点 i 的 next 指针指向结点 j 的后继,然后释放要删除的结点 j,所以删除 j 结点的操作为

```
p->next =q->next;
delete q;
```

若要在结点 i 之后插入一个结点 s,则结点 s 的前驱应为 i 结点,结点 s 的后继应为 j 结点,所以在结点 j 处插入结点 s 的操作为

```
s->next =q;
p->next =s;
```

创建一个具有 n 个结点的链表,可用插入操作,在仅含头结点的空链表中逐个插入 n 个结点。下面结合案例具体说明链表应具有的操作和如何实现这些操作。下面头文件 LinkList. h 声明一个 LinkList 链表类:

```
//Create a header file :LinkList.h
template<class T>                    //声明一个结构体,表示结点
struct Node{
    T data;                          //结点数据域,存放表元素
    Node * next;                     //结点指针域,指向下一个结点
};
template<class T>
class LinkList{
```

```
private:
    Node<T> * Head;                         //链表头指针,指向头结点
public:
    LinkList();                             //构造函数,创建仅含头结点的空链表
    ~LinkList();                            //析构函数,删除表结点,释放表空间
    void buildList(int n);                  //建立含有 n 个结点的链表
    Node<T> * find(T e,int& location);
    //找到指向元素值为 e 的结点的指针,没找到返回空,location 存储 e 的位置
    bool isEmpty()const;                    //判表是否为空
    int length()const;                      //求表长
    T deleteList(int i);                    //删除表中第 i 个元素,返回元素值
    void insert(int i,T e);                 //在位置 i 处插入元素 e
    void display()const;                    //显示表中的元素
};
```

进而建立一个源文件实现链表类:

```
//Create a source file :LinkList.cpp
#include"LinkList.h"
#include<iostream>
using namespace std;
template<class T>
LinkList<T>::LinkList(){
    Head=new Node<T>;                       //动态生成头结点
    Head->next=NULL;                        //头结点的指针域为空,即建立一个空表
}
template<class T>
LinkList<T>::~LinkList(){
    Node<T> * p;
    while(Head){
        p=Head;                             //p 指向头结点
        Head=Head->next;                    //头结点指针后移
        delete p;                           //释放当前第一个结点空间
    }
    Head=NULL;                              //Head 不指向任何地址,不可用
}
void LinkList<T>::buildList(int n){
    if(n<1){
    cout<<"元素个数不能为 0\n";
    exit(1);
    }
    Node<T> * p, * s;
    Head=p=new Node<T>;                     //生成头结点
    for(int i=1;i<=n;i++){
```

```
        s=new Node<T>;
        cout<<"输入第"<<i<<"个元素值: ";
        cin>>s->data;
        p->next=s;                          //指针指向后继
        p=s;                                //指针后移
    }
    p->next=NULL;                           //最后一个结点的指针域为空
}
template<class T>
void LinkList<T>::display()const{
    int i=0;
    Node<T> * p;
    p=Head->next;
    cout<<"链表是: \n";
    while(p){
        cout<<++i<<':'<<p->data<<'\t';
        p=p->next;
    }
    cout<<endl;
}
template<class T>
Node<T> * LinkList<T>::find(T e,int& loc){
    Node<T> * p;
    int i=1;
    p=Head->next;
    while(p && p->data!=e){
        i++;
        p=p->next;
    }
    loc=i;
    return p;
}
template<class T>
bool LinkList<T>::isEmpty()const{
    return (Head->next==NULL);
}
template<class T>
int LinkList<T>::length()const{
    int count=0;
    Node<T> * p;
    p=Head->next;
    while(p){
```

```
            count++;
            p=p->next;
        }
        return count;
    }
    template<class T>
    T LinkList<T>::deleteList(int i){
        if(isEmpty()){
            cout<<"空表!";
            exit(1);
        }
        if(i<1){
            cout<<"元素位置错误\n";
            exit(1);
        }
        T e;
        Node<T> * p,* q;
        int j=0;
        p=Head;
        q=Head->next;
        while(q && j!=i-1){                    //寻找 i 结点的前驱
            j++;
            p=q;
            q=q->next;
        }
        if(! q){
            cout<<"没找到元素! \n";
            exit(1);
        }                                      //此时 q 指向 i 结点,p 指向其前驱
        p->next=q->next;                       //p 的指针域指向 q 的后继
        e=q->data;
        delete q;
        return e;
    }
    template<class T>
    void LinkList<T>::insert(int i,T e){
    Node<T> * p,* s;
    int j=0;
    p=Head;
    while(p && j!=i-1){                         //寻找 i 结点的前驱
        j++;
        p=p->next;
```

```
}                                    //此时 p 指向 i 结点的前驱
if(!p || j >=i){
    cout<<"插入位置错误！\n";
    exit(1);
}
s=new Node<T>;
s->data=e;
s->next=p->next;                     //s 的后继是 i 结点
p->next=s;                           //s 的前驱是 i 结点的前驱
}
```

最后建立一个实现主文件 ListMain.cpp 实现类的功能：

```
//Create a source file :ListMain.cpp
#include"LinkList.h"
#include <iostream>
using namespace std;
int main(){
    LinkList<char> list;
    Node<char> * p;
    char e;
    int i;
    char Num;
    cout<<" 1:创建链表\n";
    cout<<" 2:在表中查找元素\n";
    cout<<" 3:在表中插入元素\n";
    cout<<" 4:删除表中元素\n";
    cout<<" 5:判定链表是否为空\n";
    cout<<" 6:得到链表长度\n";
    cout<<" 7:显示链表\n";
    cout<<" e:结束操作\n";
    do{
        cout<<"\n 请选择操作:";
        cin>>Num;
        switch(Num){
        case '1':
            cout<<"请输入表的元素数目：";
            cin>>i;
            list.buildList(i);
            break;
        case '2':
            cout<<"输入要查找的元素值：";
            cin>>e;
```

```
            p=list.find(e,i);
            if(p)
                cout<<e<<"是第"<<i<<"号元素.\n";
            else
                cout<<"元素不存在！\n";
            break;
        case '3':
            cout<<"请输入插入位置: ";
            cin>>i;
            cout<<"请输入插入元素: ";
            cin>>e;
            list.insert(i,e);
            break;
        case '4':
            cout<<"请输入删除位置: ";
            cin>>i;
            e=list.deleteList(i);
            cout<<"元素"<<e<<"被删除！\n";
            break;
        case '5':
            if(list.isEmpty())
                cout<<"空表！\n";
            else
                cout<<"表非空！\n";
            break;
        case '6':
            cout<<"链表有"<<list.length()<<"个元素\n";
            break;
        case '7':
            list.display();
            break;
        case 'e':
            cout<<"结束操作\n";
            break;
        default:
            cout<<"非法选择！\n";
        }
    }while(Num!='e');
    return 0;
}
```

程序运行结果：

```
1:创建链表
2:在表中查找元素
3:在表中插入元素
4:删除表中元素
5:判定链表是否为空
6:得到链表长度
7:显示链表
e:结束操作
请选择操作:1
请输入表的元素数目: 5
输入第1个元素值: a
输入第2个元素值: s
输入第3个元素值: d
输入第4个元素值: f
输入第5个元素值: g
请选择操作:7
链表是:
1:a      2:s      3:d      4:f      5:g
请选择操作:4
请输入删除位置: 3
元素d被删除!
请选择操作:3
请输入插入位置: 3
请输入插入元素: Q
请选择操作:7
链表是:
1:a      2:s      3:Q      4:f      5:g
请选择操作:2
输入要查找的元素值: Q
Q是第3号元素.
请选择操作:6
链表有5个元素
请选择操作:e
操作结束,已退出程序!
```

10.4　小结

　　用面向对象程序设计语言开发大型程序的一项基本任务,是设计出供程序开发者使用的功能齐全、使用方便的类库,因此类的设计是 C++ 学习者应具有的基本能力。有了设计完美的类,如何灵活使用这些类解决实际问题,是 C++ 程序使用者应具有的基本技能。本章通过 3 个案例,详细说明了类的设计和使用方法。为了突出软件工程和面向对象思想,尤其是面向对象的封装、信息隐藏技术,使类定义的修改与完善不会影响类的使用,案例程序将类的声明放在一个头文件中,而将类的定义放在另一个源文件中。案例利用继承和多态思想设计了异常处理程序,将异常类的基类统一作为异常捕获的类型,使程序设计简洁高效。用基类的引用作为捕获的变量,抛出的异常对象是报告具体异常情况的派生类的对象,根据 C++ 的多态机制,当程序运行产生异常时,设计的处理机制能够判断并报告具体异常。

　　本章的 3 个案例综合运用了面向对象的封装、信息隐藏、继承与多态技术,运用了异常处理机制处理运行时发生的异常,涉及 C++ 的多项技术,请读者仔细体会。

习　题

1. 设计一个通讯录管理程序。通讯录存储姓名、电话号码、住址和工作单位，程序能够完成添加人员、删除人员、查询人员、修改人员信息和显示人员信息的功能。

2. 设计一个学生成绩管理程序。程序存储学号、姓名、成绩，能够完成添加学生、删除学生、根据学号查询学生、修改学生信息、统计学生平均成绩和显示学生信息的功能。